Dr. Winfried Ebner
Klaus Eck

Die neue Macht der Corporate Influencer

REDLINE | VERLAG

Dr. Winfried Ebner
Klaus Eck

Die NEUE MACHT *der* CORPORATE INFLUENCER

Wie Mitarbeiter:innen die Kommunikation von Unternehmen verändern

Bibliografische Information der Deutschen Nationalbibliothek:
Die Deutsche Nationalbibliothek verzeichnet diese Publikation in der Deutschen Nationalbibliografie; detaillierte bibliografische Daten sind im Internet über http://d-nb.de abrufbar.

Für Fragen und Anregungen:
info@redline-verlag.de

2. Auflage 2022

Türkenstraße 89
D-80799 München
Tel.: 089 651285-0
Fax: 089 652096

Wir freuen uns auf die Diskussion mit Ihnen über Corporate Influencer.
Bitte nutzen Sie dazu den Hashtag **#CorporateInfluencerBuch** in Social Media.

Oder vernetzen Sie sich mit uns auf LinkedIn, wo wir regelmäßig zum Thema publizieren:
Klaus Eck via https://www.linkedin.com/in/klauseck/
Winfried Ebner via https://www.linkedin.com/in/winfried-ebner/

Redaktion: Christiane Otto
Umschlaggestaltung: Marc Fischer
Umschlagabbildung: hobbit/Shutterstock
Satz: ZeroSoft, Timișoara
Druck: Florjancic Tisk d.o.o., Slowenien
Printed in the EU

ISBN Print 978-3-86881-870-3
ISBN E-Book (PDF) 978-3-96267-381-9
ISBN E-Book (EPUB, Mobi) 978-3-96267-382-6

INHALT

Vorworte **11**
Vorwort von Wolf Lotter 11
Vorwort von Philipp Schindera 14

Einleitung **17**
Warum wir dieses Buch geschrieben haben? 17
Wie wir dieses Buch geschrieben haben 19

1. Die Corporate Influencer **21**
1.1 Was sind Corporate Influencer? 22
1.2 Was die Rolle eines Corporate Influencers ausmacht 24
1.3 Warum Unternehmen auf Corporate Influencer setzen 31
1.4 Die Ziele einer Corporate-Influencer-Strategie 35
1.5 Corporate-Influencer-Programme im Überblick 45
1.6 Wie sich die Unternehmenskultur verändert 49

2. Organisation: Wie zentral den Boden bereiten? **55**
2.1 Wie Unternehmen ihre Arbeit organisieren 57
2.2 Communitys als Katalysatoren des Wandels 58
2.3 Einen guten Rahmen bereiten – mithilfe von Guidelines, Recht und Informationstechnologien 67
2.4 Checkliste für neue Rollen in den Organisationen 81

3. Team: Wie und welche Aufgaben verteilt organisieren? **89**
3.1 Warum die Kernteams so entscheidend für das Gelingen von Corporate-Influencer-Programmen sind 90
3.2 Arbeitsfelder beim Aufbau eines Corporate-Influencer-Programms 91

3.3 Der Corporate Influencer Canvas: Fünf Unternehmensbeispiele 110
3.4 Checkliste: Wie im Team als Corporate Influencer wirken? . . 116

4. Person: Wie Personal Brands wirken 119
4.1 Eine Personal Brand entwickeln 121
4.2 Employer Branding ist zentral für viele Unternehmen. 123
4.3 Wie Mitarbeitende zu Corporate Influencern werden 126
4.4 Warum Corporate Influencer nicht mehr privat agieren 133
4.5 Warum niemand Selbstdarsteller:innen mag 137
4.6 Wie Corporate Influencer als Personal Brands wirken 142
4.7 Social CEO: Welche Rolle Vorständ:innen und Geschäftsführer:innen in der Kommunikation übernehmen 145
4.8 Warum Mitarbeiter:innen keine Klonkrieger:innen sind 155
4.9 Wie Mitarbeiter:innen zu Personal Brands aufgebaut werden 162
4.10 Checkliste: Einige Personal-Branding-Tipps 163

5. Besser scheitern: Fehler beim Aufbau einer Corporate-Influencer-Initiative 167
5.1 Gegen toxische Unternehmenskulturen 168
5.2 Auswahl der richtigen Plattform für Corporate Influencer 170
5.3 Wie Sie Ihre Corporate-Influencer-Initiative garantiert scheitern lassen 173
5.4 Wie wir wirklich aus Fehlern lernen können und was wir tun sollten 176

6. Tool-Box: Nützliche Content-Marketing-Inspirationen 183
6.1. Kleine Content-Inspirationen für den Alltag (Mikro) 184
6.2 Zusammen im Team mehr Aufmerksamkeit gewinnen (Meso) 189
6.3 Strategische Initiativen gemeinsam mit Fachbereichen entwickeln (Makro) 196

7. Vision 2040: Wie Kommunikation zukünftig wirkt 201
7.1 Wie Unternehmen auf mehr Vielfalt setzen können 202
7.2 Die Macht der Corporate Influencer im Schwarm 206
7.3 Echte Transformation durch Mitarbeiter:innen-Partizipation . . 212

Über die Autoren 215

Quellen und Literatur 217

Anhang 221

Abbildungsverzeichnis

S. 60: **Abbildung 1.** Hierarchie & Netzwerk/Community
S. 92: **Abbildung 2.** Bereiche und Themen des Community Canvas
S. 93: **Abbildung 3.** Strategisches Leitbild der Telekom-Botschafter-Community
S. 97: **Abbildung 4.** Überblick über Mentoring-Bereiche beim Onboarding
S. 139: **Abbildung 5.** Anzahl der wöchentlichen Neu-Kontakte auf LinkedIn

Für Judith und Renate
mit Vincent, Emilia, Flora & Rosa.

Danke für eure Unterstützung.

VORWORTE

Vorwort von Wolf Lotter

Wir leben in einer komplexen Welt.
Dieser Satz wird schon gar nicht mehr gehört, so oft liest oder hört man ihn heutzutage. Aber was heißt das, »eine komplexe Welt?«. Es bedeutet, dass die Menschen, die heute leben, vor einer schier unübersehbaren Anzahl an Auswahlmöglichkeiten und Alternativen stehen. Vielfalt ist Komplexität. Wir haben aber in unserer bisherigen Kulturgeschichte immer nur gelernt, Komplexität zu reduzieren, statt sie zu erschließen.

Ganz besonders ausgeprägt haben wir und unsere Vorfahren das in jener Ära gemacht, die wir das Industriezeitalter nennen. Es ist paradox: Hier wurden die großen materiellen Überschüsse generiert, aus denen erst Handlungsalternativen erwuchsen. Vorher, bis etwa ins 18. Jahrhundert, waren Wirtschaft und wirtschaftliche Entwicklung und damit auch der Wohlstand der vielen kein Thema. Eine »stationäre Ökonomie« gab es da, die kaum wuchs und einige sehr reich machte und die allermeisten sehr arm ließ. Auch wenn dieser Vergleich heute wieder von vielen verwendet wird, er hinkt, sowohl relativ als auch absolut: Nach wie vor ist der Wohlstand in den Industriestaaten historisch einmalig hoch und hält jedem Vergleich zum Gestern stand. Dieser Wohlstand versetzt uns seit einigen Jahrzehnten in die Lage, über Dinge nachzudenken, die in der alten Industriegesellschaft tabu waren. Seit die Nachkriegsgesellschaft der 1960er-Jahre erste Zweifel am ewigen »Weiter so!« formulierte, haben wir einige Wellen der kritischen Hinterfragung der Massenproduktion wie auch der Massengesellschaft hinter uns gebracht.

Die Menschen sind gebildeter und selbstbewusster geworden, mit jeder Generation. Ihre Bedürfnisse erstrecken sich nicht mehr allein auf die Sicherung des täglichen Überlebens, sondern gehen weiter: Maslows »vierte« und »fünfte« Stufe der Bedürfnispyramide wird von immer mehr

Menschen erklommen. Hier geht es um die persönlichen Bedürfnisse, Respekt und Anerkennung für das, was man tut, und letztlich Selbstverwirklichung. Das ist keine weltfremde und unsolidarische Attitüde, sondern das genaue Gegenteil davon.

Wer sich der mühevollen Arbeit unterzieht herauszufinden, was er (oder sie) »wirklich, wirklich will«, tut sich selbst und allen anderen den größten Gefallen. Anders gesagt: Wer seine Talente entwickelt, der nützt auch anderen maximal. Das klingt einfach, auch wenn dahinter harte Anstrengungen stecken – denn herauszukriegen, was man »wirklich, wirklich will«, ist kein Zuckerlecken. Es erinnert im Ton und in der Sache aber an das, was jede gute Organisation über sich wissen sollte: Dort, wo Menschen arbeiten, die ihre Arbeit gut und gern tun, sind die Ergebnisse auch für die Kunden gute, die man gern annimmt. Dazu brauchen Mitarbeitende aber einen weitaus größeren Freiraum, als sie heute haben. Die Organisation, das Unternehmen, wie wir es kennen, engt immer noch stark ein und lässt die und den Einzelnen nicht »von der Leine«. Freiheitsberaubung lohnt sich aber in der Wissensökonomie nicht.

Freiräume, selbstständiges und weitgehend selbstbestimmtes Arbeiten sind aber in einer digitalen Netzwerkgesellschaft – also jener Wissensökonomie, um die sich schon lange alles dreht – keine netten Extras mehr, die »der Chef« gewährt, sondern die Grundlage, auf denen Innovationen und Problemlösungsalternativen wachsen, also bessere Produkte und Dienstleistungen.

In der Vielfalt liegt die Kraft, und sie ist nicht zu trennen vom Individuum. Unsere Vorstellungen von Mensch und Gesellschaft sind zu sehr der Einheit verhaftet, und zu sehr der Masse und Gleichmacherei. Genau das aber müssen wir überwinden. Das ist die Arbeit, die in der großen Transformation zu machen ist.

Wir müssen unsere Köpfe von der Fabrik- zur Denkarbeit überführen. Nicht Routinen brauchen wir, sondern die Fähigkeit, in Alternativen zu denken. Selbstständiges Arbeiten braucht Vertrauen, Zutrauen und weniger Kontrollsucht, auf allen Seiten übrigens, nicht nur durch die Führungskräfte der Organisationen, sondern, vielleicht sogar ganz besonders, durch all jene, die sich aufmachen festzustellen, was sie wirklich, wirklich wollen – und können. Der Blick in den Spiegel – die gründliche Analyse der Transformation und unserer Rolle darin – wird anstrengend sein, aber lohnend. Denn wir werden darin das wiedererkennen, was im großen Wandel zählt: uns selbst.

Wolf Lotter

Wolf Lotter ist einer der führenden Publizisten auf dem Gebiet der Transformation von der Industrie- zur Wissensgesellschaft. Er ist Gründungsmitglied des Magazins brand eins *und hat dort mehrere Hundert Essays zum Thema Transformation veröffentlicht.*

Im Herbst 2021 erschien Strengt Euch an! Warum sich Leistung wieder lohnen muss, *bei Ecowin als Essay. Dabei handelt es sich um einen Abgesang auf die alte Leistungsgesellschaft aus Fleiß und Disziplin und einen Appell für einen neuen Leistungsbegriff, der zur digitalen Netzwerkgesellschaft passt.*

Vorwort von Philipp Schindera

Der Titel dieses Buches spricht von Corporate Influencern und der Macht, die sie haben. Für viele Kommunikationsprofis leitet sich dadurch die Frage ab, ob sie tatsächlich eine «neue Macht« sind und wie Menschen, die Kommunikation von Berufs wegen her im Unternehmen machen, damit umgehen.

In vielen Kommunikationsabteilungen wird das Thema diskutiert, häufig sehr emotional: Was sind das für Menschen, die sich aufschwingen, über das Unternehmen zu kommunizieren, für das sie arbeiten – noch dazu freiwillig und häufig mit sehr großem Engagement und Enthusiasmus und nicht selten auch in beachtlicher Qualität? Sind sie Fluch oder Segen? Sind sie hilfreich, nervig oder sogar schädlich fürs Unternehmen? Helfen sie den Kommunikationsprofis im Bemühen um Aufmerksamkeit und Authentizität in einer Zeit, in der sich Zielgruppen immer weiter ausdifferenzieren? Oder sind sie einfach nur peinlich in ihrer – auf manche naiv wirkenden – Bewunderung fürs eigene Unternehmen und deshalb vernachlässigbar?

Diese Diskussion geht einher mit einem unterschwelligen Selbstzweifel bei vielen Profi-Kommunikator:innen. Der Alleinvertretungsanspruch des Prä-Social-Media-Zeitalters ist dahin. Die unmittelbare Reaktion ist häufig Ablehnung, Geringschätzung oder Verbot der Aktivitäten, die abseits der etablierten Unternehmenskommunikation entstanden sind. In meinen Augen ist das ein Fehler, denn ein solches Verhalten übersieht die positiven Effekte, die sich für Unternehmen durch die Graswurzelbewegung »Corporate Influencer« ergeben. Im angelsächsischen Sprachraum sagt man dazu auch »Embrace the change«.

Warum wichtig? Kommunikation hat sich verändert, heute reicht ein Smartphone, wo früher eine Druckerei, ein Verlag oder ein Fernsehstudio vonnöten waren. Dementsprechend hat sich die Gruppe derer verändert, die kommunizieren. Neben Marketing, Vertrieb, PR und Markenkommunikation sind es heute ganz normale Mitarbeitende, die einen Einblick in ihren (Arbeits-)Alltag geben. Das kann man mögen oder nicht, aber es gehört zur Unternehmensrealität im 21. Jahrhundert dazu. Den Menschen außerhalb des Unternehmens ergibt sich so ein anderes Bild der Organisation: Nicht nur die offizielle Seite, häufig bestimmt von Zahlen und Fakten, sondern auch die inoffizielle, bei der ganz andere Dinge im Vordergrund stehen. So ergibt sich ein »runderes«, authentischeres Bild vom Unternehmen. Auf jeden Fall eines, das von Kommunikationsprofis nie allein hätte gezeichnet werden können.

Deswegen sollten Sie sich diesen Trend zunutze machen: Ein Blick auf die persönlichen Social-Media-Profile der DAX-Vorstände macht deutlich, dass vieles von dem, was früher über Unternehmenskanäle gespielt wurde, heute – mit viel höheren Interaktionsraten – und einer persönlichen Note auf den Accounts der Unternehmenslenker:innen zu finden ist. Und auch Unternehmensmitarbeiter:innen erreichen mit ihren persönlichen Profilen Communitys und Reichweiten, die mehr als einen kurzen Blick benötigen, um die Mechanismen der persönlichen Mitarbeiter:innen-Kommunikation zu verstehen.

Was verändert sich? Die Macht der Authentizität bringt uns eine immer weitergehende Personifizierung der erzählten Geschichten, dies gilt für die Management-Ebene, aber auch für jeden einzelnen Mitarbeitenden. Corporate Influencer sind da und gehen auch nicht mehr weg. Sie sind zusätzliche Meinungsbildner:innen nach innen und außen geworden. Ein stabiles Beziehungsgeflecht von allen Fachbereichen des Unternehmens, insbesondere der Kommunikation, mit Corporate Influencern ist damit unerlässlich.

Was bleibt? Corporate Influencer sind keine Hilfspressesprecher:innen, die der Unternehmenskommunikation Arbeit weg- oder abnehmen. Auch die oft verbreitete Idee, dass über Corporate Influencer Unternehmensbotschaften einfach verbreitet werden, kann getrost (wieder) beiseitegelegt werden. Aber sie runden – wie oben – das Bild des Unternehmens nach »draußen« ab. Außerdem bieten sie Kommunikator:innen die Möglichkeit, sich Netzwerke innerhalb des Unternehmens zu erschließen, zu denen man sonst nur mit erheblichem Aufwand Zugang erhält.

Was bedeutet das? Für die Arbeit der Berufskommunikator:innen kann ich nur einige Ratschläge geben, die uns in der Zusammenarbeit mit Corporate Influencern geholfen haben: Nehmt sie ernst und redet mit ihnen – statt über sie. Helft ihnen mit eurer Professionalität, sie werden es euch danken und ihr verhindert, dass »was schiefgeht«. Seid Teil einer entstehenden Community und fördert die Vernetzung von Corporate Influencern. Vernetzt euch selbst mit ihnen, denn oft sind sie »näher dran« am »Geschehen« und geben euch wichtige Informationen und Impulse für eure Arbeit. Und vor allem: Lernt von ihnen und ihrer Art und Weise, wie sie in und mit ihren Zielgruppen kommunizieren und interagieren.

Ich freue mich, dass das Erfahrungswissen beim Aufbau solcher Corporate-Influencer-Communitys jetzt systematisch aufbereitet wurde. Im vorliegenden Buch wird der Aufbau, Betrieb und die Vernetzung von und für Corporate-Influencer-Initiativen auf den Ebenen Organisation, Team & Person detailliert, strategisch fundiert und mit Weitblick erklärt. Darum lohnt sich die Lektüre.

Meine Anerkennung gilt Winny und Klaus, die sich seit vielen Jahren mit der Thematik auseinandersetzen und viel Aufwand und Zeit investiert haben, um die Fülle an Wissen in diesem Buch zu verarbeiten. Viel Spaß beim Lesen und vor allem beim Umsetzen!

Und immer dran denken: Embrace the change!

Philipp Schindera
Leiter Unternehmenskommunikation, Deutsche Telekom AG

EINLEITUNG

Warum wir dieses Buch geschrieben haben?

Haben Sie schon einmal auf LinkedIn eine Unternehmensbotschaft geteilt? Oder Ihre persönliche Position zu einem Thema auf Xing, Facebook oder Twitter diskutiert? Viele Arbeitgeber:innen entdecken ihre Mitarbeiter:innen als Multiplikator:innen und wollen sie ermutigen, Unternehmensinhalte auf Social Media zu teilen. Jedoch stellen viele Entscheider:innen fest, dass dies nicht ganz so einfach ist, und sie wundern sich darüber, warum nicht alle Mitarbeitenden bereitwillig auf das eigene Unternehmen und bestehenden Content verweisen wollen.

In diesem Buch wollen wir mit vielen Mythen des Zusammenspiels Arbeitgeber und Arbeitnehmer:innen in der Kommunikation aufräumen und Ihnen konkrete Vorschläge machen, wie Sie eine Corporate-Influencer-Community für Ihre Organisation aufbauen können. In unserer Arbeit in Netzwerken und mit Organisationen merken wir immer wieder, wie groß der Unterstützungsbedarf beim Aufbau von Corporate-Influencer-Programmen ist – und zwar auf organisatorischer, auf Team- und auf persönlicher Ebene.

Uns ist dabei wichtig, nicht nur einfach Praxistipps zu geben, um dann inhaltlich wieder weiterzuziehen, sondern fachlich fundiert eine strategische Herangehensweise zu vermitteln, um das Wirken und den Wirkungsgrad von Corporate Influencern zu erhöhen. Denn: Wenn Sie von der Mitarbeiterkommunikation intern wie extern als Organisation profitieren wollen, müssen Sie sich mit Fragen der Kultur, den internen Stakeholdern und den Bedürfnissen der Beschäftigten insgesamt auseinandersetzen.

Wir sehen vor allem zwei Personengruppen, für die wir dieses Buch geschrieben haben: **Verantwortliche**, die Corporate-Influencer-Programme aufbauen, und (potenzielle) **Corporate Influencer** selbst.

Sie denken darüber nach, ob ein Corporate-Influencer-Programm zu Ihrem Unternehmen passt, und wollen wissen, welche konkreten Herausforderungen damit in der Praxis verbunden sind? Wer ist als Corporate Influencer überhaupt geeignet? Wie finde und motiviere ich Corporate Influencer? Welche Erwartungen sind realistisch?

Sie haben endlich politisch durchgesetzt, dass Ihr Bereich für das Corporate-Influencer-Programm in Ihrer Organisation verantwortlich zeichnet. Es sind ein paar Monate seit der entsprechenden Board-Entscheidung ins Land gezogen, und eine Geschäftsführerin fragt bereits nach, wie denn der »Status« sei. In der Chatgruppe der mit viel Elan gestarteten Initiative herrscht gähnende Leere. Auch die Tipps der externen Beratung scheinen nicht so richtig zu fruchten. Keine Aktivität, keine Eigeninitiative, alles wirkt recht zäh. Was sollen Sie tun?

Alleine klappt es schon ganz gut auf LinkedIn. Sie haben sich eine respektable Followerschaft aufgebaut, sind bereits ein paar Schritte gegangen, um ihre digitale Identität aufzubauen. Nun suchen Sie Verbündete in Ihrer Organisation, da Sie Ihre Organisation nicht alleine als Einzelkämpfer voranbringen können. Sie haben einen ersten Workshop mit Interessierten auf die Beine gestellt. Es sind einige Rohdiamanten mit dabei, aber die ersten Beiträge sind ernüchternd. Reichweiten und Interaktionsraten sind sehr klein, es entsteht kein Buzz, Sie und Ihre ersten Verbündeten scheinen in einen digitalen Raum zu senden, ohne irgendeine nennenswerte Resonanz zu erzeugen: »Hallo, ist da jemand?« Stille.

Herzlichen Glückwunsch, dass Sie sich für dieses Buch entschieden haben. Wir sind überzeugt: Aus der Stille kann ein leichtes Rauschen werden, das zu einem tosenden Strom der Kommunikation werden kann, wenn sie den Aufbau einer Corporate-Influencer-Initiative nachhaltig betreiben.

Wir wollen einladen, ermutigen und inspirieren, damit Sie Ihre ersten Schritte einfacher gehen können.

Wie wir dieses Buch geschrieben haben

Am Anfang eines solchen Vorhabens steht immer eine Idee: Unsere Passion liegt darin, unser Erfahrungswissen zum Aufbau von Corporate-Influencer-Initiativen der vergangenen Jahre systematisch aufzuschreiben, um unser Wissen zu teilen. Und wir wollen Ihnen als Leser:in so manchen Irrweg ersparen, den wir gegangen sind.

Seit Februar 2021 haben wir uns deshalb wöchentlich digital getroffen, um unsere Ideen auszutauschen und uns gegenseitig zu inspirieren. Wir sind überzeugt, dass diese Regelmäßigkeit unser Erfolgsfaktor für das Gelingen dieses Buches war. Ein gutes Jahr später liegt das Ergebnis dieses stetigen Erfahrungsaustauschs jetzt vor Ihnen.

Bevor wir mit der inhaltlichen Vorstellung unserer Kapitel beginnen, noch ein Hinweis zum Gendern. Kaum ein Thema wird in der Verlags- und Autor:innen-Welt so kontrovers diskutiert. Und auch wir als Autoren unterliegen einem Lernprozess. Wir haben uns für eine gendersensible Sprache und das »:« entschieden, auch aus der Logik der einfacheren Lesbarkeit heraus. Verzichtet haben wir darauf nur bei den Anglizismen wie zum Beispiel »Corporate Influencer«. Wir sind uns bewusst: Sprache definiert Realität. Und darum wollen wir diese vielfältige Lebensrealität im geschriebenen Wort abbilden.

Wir definieren in **Kapitel 1 »Die Corporate Influencer«**, was einen Corporate Influencer ausmacht, warum Unternehmen auf diese Botschafter:innen setzen, geben einen Überblick über aktuelle Corporate-Influencer-Programme und zeigen, wie sich Unternehmenskultur als Grundlage verändert hat. Ein Blick nach links und rechts lohnt sich: Viele Organisationen haben in den vergangenen Jahren Initiativen gestartet – warum also nicht von ihnen lernen?

Zentrale Frage des **Kapitels 2 zur Organisation** ist, wie ein guter Nährboden für Corporate Influencer in Organisationen geschaffen werden kann. Wichtig ist dabei der Aufbau von fachbereichsübergreifenden Communitys als Katalysatoren des Wandels. Zum guten Rahmen für Corporate Influencer gehören auch Guidelines, Schulungen bezüglich rechtlicher Aspekte dieser Aktivität und Informationstechnologien als digitale Enabler der Community. Wir schließen das Kapitel ab mit einer Checkliste für neue Rollen in Organisationen, die man braucht, um einer Community langfristig zum Erfolg zu verhelfen.

Auf der **Teamebene des Kapitels 3** entscheidet sich, wie kraftvoll eine Corporate-Influencer-Community sich entwickeln kann. Entscheidend ist hierbei, wie und welche Aufgaben verteilt organisiert werden, um die ganze Corporate-Influencer-Power sich entfalten zu lassen. Dabei sind die drei Arbeitsfelder Identität, Erfahrungen und Struktur/Organisation mit Leben zu füllen.

In **Kapitel 4** zeigen wir, wie **Personal Brands** wirken. Da die persönliche Onlinereputation immer wichtiger wird, gewinnt auch das Employer Branding einer Organisation an Bedeutung. Wir erklären, warum Corporate Influencer nicht »privat« agieren und weshalb niemand Selbstdarsteller:innen und Klonkrieger:innen mag. Wir gehen auf die besondere (Vorbild-) Rolle des Social CEO ein und beschreiben Besonderheiten des Corporate Influencing, wie zum Beispiel Social Selling.

Wie kann man **besser scheitern**? Unser **Kapitel 5** deckt auf humorvolle Art die acht häufigsten Fehler beim Aufbau einer Corporate-Influencer-Initiative auf. Doch es bleibt nicht dabei: Das Kapitel wird abgerundet durch Empfehlungen, wie wir wirklich aus unseren Fehlern lernen können.

In **Kapitel 6** greifen wir in die Werkzeugkiste: Die **Tool-Box** zeigt nützliche **Content-Marketing-Inspirationen** für Ihre Corporate-Influencer-Aktivitäten auf. Wir starten mit kleinen Ideen für den Alltag, die sich in wenigen Minuten umsetzen lassen. Mehr Kraft und Aufmerksamkeit können Aktivitäten im Team bewirken, die wir danach beschreiben. Zum Abschluss zeigen wir anhand von drei Beispielen, wie die strategische Zusammenarbeit zwischen einer Corporate-Influencer-Initiative und einem Fachbereich ausgestaltet werden kann.

Kapitel 7 schaut mit **Vision 2040** in die Zukunft. Wir verdeutlichen, wie Unternehmen auf Vielfalt im Rahmen ihrer Corporate-Influencer-Initiative setzen sollten und was die Macht der Corporate Influencer im Schwarm ausmacht. Wir sind überzeugt: Echte Transformation von Organisation entsteht nur durch Partizipation der Mitarbeiter:innen. Diese Transformation wird durch Corporate-Influencer-Communitys begleitet.

1

DIE CORPORATE INFLUENCER

1.1 Was sind Corporate Influencer?

In der Social-Media-Welt kristallisieren sich einzelne Personen heraus, die besonders viel Zuspruch für ihre Onlineaktivitäten erhalten. Diese werden oft als Influencer bezeichnet, wenn sie über ihre Onlineaktivitäten große mediale Reichweiten erzielen und sich darüber eine Onlinereputation aufgebaut haben.

Als Multiplikator:innen nehmen sie sehr viel Einfluss darauf, wie ihre Follower und Fans eine Marke, ein Produkt oder ein Thema wahrnehmen. Das kann für den Erfolg einer Marke sehr wichtig sein. Deshalb haben viele Unternehmen auf die Relevanz bekannter Influencer reagiert, indem sie gezielt auf eine Zusammenarbeit mit ihnen setzen.

Häufig werden Influencer als Testimonials angefragt oder für die Platzierung eines Produktes oder einer Unternehmensbotschaft bezahlt. Dabei achten die Firmen meistens darauf, dass die Reputation oder Expertise eines Influencers zur Marke passt. Dennoch steht die eingekaufte Glaubwürdigkeit mitunter in der Kritik. Seit einigen Jahren müssen Influencer ihre Produktplatzierungen sogar deutlich als Werbung kennzeichnen, damit ihre Interessen erkennbar sind.

Jüngere äußern immer häufiger den Berufswunsch »Influencer« und wollen gerne berühmt werden. Dazu publizierte die Bundesagentur für Arbeit 2019 einen eigenen Eintrag. Der Anteil der 14- bis 21-Jährigen mit dem Lebensziel »berühmt werden« ist von 2009 bis 2019 laut der IKW-Jugendstudie sogar von 14 auf 30 Prozent gestiegen.[1] Demgegenüber tun sich viele Erwachsene eher schwer mit dem Influencertum und reagieren darauf skeptisch. Dennoch bleibt das Influencer-Marketing ein Milliarden-Euro-Geschäft.

Darüber hinaus prägen Vorstände, Geschäftsführer:innen, Marketers, Social-Media-Verantwortliche, Service- und Vertriebsmitarbeiter:innen, Personalverantwortliche oder Kommunikator:innen das öffentliche Bild. Sie sorgen häufig für den ersten Eindruck, den ein Unternehmen in der digitalen wie analogen Öffentlichkeit vermittelt.

Wenn wir auf LinkedIn die Marke TUI suchen, finden wir dort nicht nur den offiziellen Unternehmensauftritt des Reisekonzerns, sondern mehr als 23 000 Beschäftigte, die einen persönlichen LinkedIn-Account angelegt haben und auf dieser Plattform aktiv sind. Mit ihren öffentlichen Social-Media-Aktivitäten erzielen die Mitarbeiter:innen ohne expliziten Auftrag eine große mediale Reichweite und repräsentieren ihr Unternehmen, wenn sie über ihren beruflichen Lebensalltag berichten.

Das Unternehmen hat daraus seine Konsequenzen gezogen. Laut Stefan Siemon, Senior Manager Digital Communications bei der TUI Group, können in seinem Konzern alle Mitarbeitenden Corporate Influencer sein, die »Freude am Teilen von Storys« haben: »Sie sind stolz darauf, wofür TUI steht, und verkörpern die Unternehmenswerte im beruflichen und privaten Umfeld, ohne ein direktes Incentive dafür zu erhalten. Als Antrieb dient die Motivation, andere Personen an den Geschichten teilhaben zu lassen, den nächsten Karriereschritt zu gehen oder Kolleg:innen auf dieser Reise zu begleiten und zu fördern.«

Für Jessica Nübling, Global Social Media Manager bei der Sick AG, sind Corporate Influencer eigentlich nichts Neues: »Sie sind lediglich eine Form der Markenbotschafter:innen. Denn schon immer waren es Mitarbeiter:innen, die dem Unternehmen ein Gesicht verleihen, dessen Werte vertreten und Themen vorantreiben. Allerdings ist es ihnen selbst nicht immer bewusst. So agieren sie als Multiplikator:innen für das Unternehmen, indem sie Freunden und Bekannten von ihrem Arbeitsalltag und demnach ihrem Arbeitgeber berichten und so Word-of-Mouth-Kommunikation betreiben.«

Dabei will nicht jede:r Social-Media-Nutzer:in immer gleich ein Corporate Influencer sein. Das meint die Kommunikatorin Angelica Bergmann von der Krankenkasse BKK ProVita: »Wichtig zu wissen ist aus meiner Sicht, dass es auch ›unfreiwillige‹ Corporate Influencer geben kann, die unbeauftragt und nicht immer im Sinne des Unternehmens nach außen wirken und dabei mit diesem in Verbindung gebracht werden.«

Das sieht Eugenia Mönning ähnlich. Die Otto-Pressesprecherin Technology & IT hält alle Menschen, die bei einem Unternehmen arbeiten, mehr oder weniger für Corporate Influencer: »Sobald Mitarbeitende sich in ihrem privaten oder beruflichen Umfeld zu ihrem Arbeitgeber äußern oder von ihren Aufgaben erzählen, prägen sie das Bild und die Wahrnehmung ihres Unternehmens.« Einen wichtigen Unterschied macht sie jedoch: Im Speziellen sind Corporate Influencer Menschen, die vom Unternehmen als solche anerkannt sind und durch Trainings oder andere Benefits in ihrer Botschafter:innen-Rolle unterstützt werden.

Eine entsprechende Betreuung hält Sinah Titzmann, DATEV, für sehr wichtig. So können Mitarbeitende viel besser über ihr Unternehmen kommunizieren, wenn sie den Umgang mit Social Media und der Öffentlichkeit gelernt haben. Die DATEV und Otto setzen jeweils auf ein Corporate-Influencer-Programm, über das den Teilnehmenden Social-Media-Kompetenzen und Personal-Branding-Know-how vermittelt werden.

Letztlich sind auch für Mönning Corporate Influencer Mitarbeitende, die über ihre privaten Social-Media-Kanäle, in beruflichen oder privaten Gesprächen oder auf Veranstaltungen Einblicke in ihren Arbeitsalltag geben oder sich mit Fachthemen positionieren und so zu einer Imagebildung, -stärkung oder -veränderung des eigenen Unternehmens beitragen.

1.2 Was die Rolle eines Corporate Influencers ausmacht

Immer mehr Kommunikator:innen haben sich in den vergangenen Jahren nach neuen innovativen Methoden für ihre Arbeit umgesehen und herausgefunden, dass es viele Expert:innen im eigenen Hause gibt, die ebenfalls in Social Media als Personal Brands erfolgreich sind. Das Interesse an Unternehmensbotschafter:innen ist seit einigen Jahren gewachsen.

Dennoch ist ein Corporate Influencer für viele Menschen erst einmal ein unbekanntes Wesen. Was machen diese Corporate Influencer überhaupt?, fragen sich viele. Werden sie dafür bezahlt, die Beiträge ihres Unternehmens auf eigenen Social-Media-Accounts zu verbreiten? Nein, in der Regel keineswegs. Dieses Missverständnis ist im Begriff »Corporate Influencer« angelegt und führt manchmal zu einer gewissen Skepsis gegenüber so einer Rolle.

»Corporate Influencer« ist ein sehr junger Begriff, der zwar englisch klingt, aber in Wirklichkeit erst vor wenigen Jahren im deutschsprachigen Raum entstanden ist. Jedes Unternehmen hat Mitarbeitende, über die wir die Organisation erleben. Meistens lernen wir eine Marke über deren werblichen und kommunikativen Maßnahmen näher kennen.

In Unternehmen werden Corporate Influencer häufig anders bezeichnet. Im Vergleich zum generischen Begriff »Corporate Influencer« werden die Bezeichnungen sehr unterschiedlich genutzt – hier einige Bespiele:

- Markenbotschafter:in
- Brand Ambassador
- Corporate Evangelist
- Botschafter:in
- Unternehmensbotschafter:in
- Voice/Stimme
- Held:in
- Jobbotschafter:in
- Telekom-Botschafter:in
- Business Influencer
- Sinnfluencer
- Social Seller
- Themenbotschafter:in
- Brand Advocate

Markenbotschafter:innen wird meistens synonym zum Begriff »Corporate Influencer« verwendet. Allerdings werden zusätzlich externe Influencer und Testimonials als Markenbotschafter:innen bezeichnet. Besonders im Marketingumfeld ist das eine übliche Benennung. Deshalb ist eine Abgrenzung nicht immer einfach. Wir haben uns in diesem Buch und in unserer Beratung für »Corporate Influencer« als generische Beschreibung entschieden, weil der Begriff im Vergleich zu den anderen Bezeichnungen trennschärfer ist. Ergänzend verwenden wir noch den allgemeinen Begriff »Botschafter:in« als Synonym.

Corporate Influencer machen die Kommunikation eines Unternehmens menschlicher und authentischer. Darin sind sich alle rund 100 Projektverantwortlichen einig, die wir für dieses Buch befragt haben. Sie teilen ihre Ideen über ihre eigenen Social-Media-Accounts auf freiwilliger Basis. Jedoch übernehmen sie dabei nicht die Aufgaben der Social-Media-Manager oder der Kommunikator:innen, sondern verbreiten persönliche Unternehmensbotschaften und vermitteln darüber Werte. Dafür erhalten sie von ihrer Organisation die nötigen Ressourcen und Tools.

Wer regelmäßig zeigt, für welche persönlichen und beruflichen Themen er steht, macht sich öffentlich identifizierbar und wiedererkennbar. Mitarbeiter:innen profitieren hierbei von ihren beruflichen Erfahrungen und Branchenkenntnissen. Im Idealfall werden aus Corporate Influencern Meinungsmacher:innen, die mit ihren authentischen Inhalten auf die Reputation eines Unternehmens einzahlen und unter anderem dazu beitragen, dass es als attraktiver Arbeitgeber wahrgenommen wird.

Im Vergleich zu den offiziellen Social-Media-Aktivitäten eines Unternehmens wirkt die persönliche Kommunikation eines **Corporate Influencers glaubwürdiger**. Gut vernetzte Expert:innen erzielen sogar mit ihren Postings in Social Media größere Reichweiten. Menschen vertrauen lieber anderen Menschen, die ihnen ähnlich sind. Auf abstrakte Marken reagieren sie hingegen weniger stark.

Eine kleine Gruppe von Corporate Influencern kann sehr schnell großartige mediale Erfolge erzielen, wenn sie ihr Netzwerk ausbaut und mit ihren Followern interagiert. Dabei legen Menschen besonders viel Wert auf die Expertise einer Person.

Das Edelman Trust Barometer ist eine jährliche Umfrage zu Vertrauen in Regierungen, Unternehmen, Medien und Nichtregierungsorganisationen. Laut dem Trust Barometer genießen akademische und technische Experten das größte Vertrauen als Informationsanbieter. Sie gelten sogar als glaubwürdiger als Journalist:innen.[2] Daher sind sie besonders gut als Corporate Influencer geeignet.

Wie wichtig persönliche Expertise ist, hat sich zuletzt in der Coronakrise gezeigt, in der der Virologe Christian Drosten sehr viel öffentliche Wertschätzung erhalten hat. Wir vertrauen lieber Menschen als abstrakten Institutionen. So konnten einige Virolog:innen und Wissenschaftler:innen zu Medienstars aufsteigen.

Wenn Corporate Influencer ihren Content über ihre persönlichen Social-Media-Kanäle teilen, wird das in der Regel positiv aufgenommen und funktioniert besser als über die herkömmlichen Unternehmenskanäle. Allerdings sollte hierbei niemand an große Influencer-Reichweiten denken. Das ist eher die Ausnahme. Corporate Influencer bedienen ihre kleinen Netzwerke und erreichen pro Person eher Hunderte als Tausende. Im Zusammenspiel von 10, 20 oder 30 Corporate Influencern entstehen dadurch dennoch nennenswerte Reichweiten. Einzelnen gelingt es sogar, sich als Personal Brands zu etablieren und großartige individuelle Reichweiten zu erzielen. Darauf gehen wir näher in Kapitel 4 »Person: Wie Personal Brands wirken« ein.

Im Prinzip können alle Mitarbeitenden eines Unternehmens Corporate Influencer werden. Manchmal ist das nur eine Definitionsfrage. Bei TUI und Siemens gelten alle Mitarbeiter:innen als Corporate Influencer, die auf Social Media aktiv über ihre Marke kommunizieren. Allerdings ist bei so einem Ansatz unklar, ob die einzelnen Corporate Influencer von ihrer Organisation jeweils genügend Unterstützung erhalten. Die Gefahr ist groß, dass auf diese Weise die Mitarbeiter:innen kaum Zeit und Ressourcen nutzen können, um ihrer neuen Rolle gerecht zu werden. Das Corporate Influencing soll dann oft nebenbei gemacht werden.

Unserer Ansicht nach ist es besser und unternehmenspolitisch einfacher zu vermitteln, eine überschaubare Zahl an Corporate Influencern gezielt auszuwählen. Auf diese Weise können strategische Ziele besser erreicht und Ressourcen leichter geplant werden. Bei einer Auswahl der Corporate Influencer gehen Organisationen unterschiedlich vor (siehe Kapitel 2: »Organisation: Wie zentral den Boden bereiten?«).

Im Unterschied zu vielen anderen Mitarbeitenden sind Corporate Influencer oft kommunikativer und mutiger im Außenauftritt, meint die Social-Media-Strategin Jessica Nübling vom Sick-Konzern. »Sie lassen Diversität zu, haben ein Gespür für Trends und handeln sehr stark aus der Eigeninitiative heraus. Es sind Mitarbeiter:innen, die für ihre Themen brennen und dafür zu begeistern sind, ihr Wissen mit anderen teilen und ausbauen wollen. Dafür greifen viele von ihnen auf Kanäle wie Social Media zurück.« Ganz wichtig ist der Corporate-Influencer-Verantwortlichen, dass Corporate Influencer keine Werbemaschinen sind.

Statt von Corporate Influencern spricht der Nestlé-Kommunikator Dr. Clas Dammann lieber von Unternehmensbotschafter:innen: »Im klassischen Sinn repräsentieren sie ihre Organisation mit ihrer eigenen, persönlichen Stimme.« Das findet er sehr gut. Denn die Botschafter:innen haben eine eigene Perspektive auf ihr Unternehmen, eine eigene Haltung und eigene Themen: »Dadurch haben sie eine ureigene, intrinsische Motivation und Spaß an der Sache. So können sie ihre Community mit auf ihre persönliche Reise nehmen. Mit den Geschichten anderer Botschafter:innen ergibt das vielfältige, spannende und lebendige Einblicke in ein Unternehmen. Allerdings benötigen die Botschafter:innen dafür Freiräume, Vertrauen und Unterstützung – fachlich und inhaltlich, gutes Zureden und Support.«

Daniel Hesmer ist für den weltweiten Vertrieb des Maschinenbauunternehmens Knauf PFT in der Bauzulieferindustrie verantwortlich. Für ihn bedeutet seine Rolle als Corporate Influencer »eine tiefe Verwurzelung mit der Marke, den Menschen in der Organisation und vor allem den Kunden und der Branche. Das ist alles gepaart mit Authentizität, darauf Bock haben, Einblicke zu gewähren und Interessierte mit auf eine Reise zu nehmen.«

Dafür sind persönliche Glaubwürdigkeit, Autorität und Reichweite sehr wichtig, ist Angelica Bergmann von BKK ProVita der Ansicht. Wenn diese Voraussetzungen vorhanden sind, können Corporate Influencer sehr gut ihrer Community die Werte und Ziele ihrer Organisation vermitteln: »Dabei steht der persönliche Blickwinkel der Botschafter:innen im Vordergrund, also die eigene Einordnung und Erläuterung von Corporate Content.«

Der Begriff »Corporate Influencer« spiegelt für Markus Gogolin, CMO bei Global Rail Academy and Media GmbH, erst einmal eine Haltung wider: »Hinter dem Corporate Influencer steckt jemand, der die Produkte, die Marke und vieles andere mehr der jeweiligen Organisation oder Branche schätzt und diese Werte authentisch vertritt und kommuniziert.«

»Exzellente Corporate Influencer sind dabei nicht nur Multiplikator:innen nach außen«, meint die Buchautorin und Keynote-Speakerin Anne M. Schüller. »Vor allem sind sie auch Influencer nach innen. Mithilfe ihrer internen Vorstöße und Initiativen sorgen sie für Dynamik, für Innovationssprünge und eine hohe Arbeitgeberattraktivität. Sie sind Weiterdenker:innen, Andersmacher:innen und Zukunftsgestalter:innen. Das muss man nicht nur können, sondern zunächst auch wollen.«

Die Auswirkung auf die interne Organisation ist Marc Raschke, Head of Corporate Communications des Klinikum Dortmunds, ebenfalls sehr wichtig: »Corporate Influencer sind für mich Mitarbeitende, die mit ihrer Persönlichkeit Empfehlungsmarketing in ihren Peergroups außerhalb des Unternehmens betreiben. Zugleich wirken sie damit ins Haus hinein und bilden so einen identitätsstiftenden Baustein des Employer Brandings.«

1.2.1 Wer Corporate Influencer wird

Ein Corporate Influencer ist somit etwas Besonderes, aber auch nicht ganz leicht per Definition zu fassen. Nicht jede:r Mitarbeitende eignet sich für diese Rolle. Nicht alle verstehen dasselbe unter dem Begriff. Organisationen fällt es oft schwer, die notwendigen Ressourcen für eine große Corporate-Influencer-Gruppe zur Verfügung zu stellen. Aus diesem Grunde empfiehlt es sich, mit einem kleineren Kreis zu starten. Das lässt sich am besten im Rahmen eines Zertifizierungsprogramms aufsetzen, auf das sich alle Mitarbeiter:innen bewerben können. Später lässt sich so ein Programm sehr schnell auf weitere Personen ausweiten.

Beim Aufbau eines Corporate-Influencer-Programms achten viele Unternehmen darauf, Beschäftigte aus unterschiedlichen Hierarchien und Bereichen auszuwählen. Dabei sollte der Auswahlprozess die Interessen der potenziellen Corporate Influencer berücksichtigen und sich an der eigenen Content-Strategie orientieren. Schließlich sollen die Botschafter:innen auf die Content-Strategie einer Firma mit ihren Aktivitäten ebenfalls einzahlen.

Längst nicht jede:r Mitarbeiter:in will in der digitalen Öffentlichkeit stehen. Das sollten Unternehmen akzeptieren und auf das Prinzip Freiwilligkeit setzen. Nur wer eine intrinsische Motivation für das Corporate Influencing hat, bringt auch die Disziplin auf, regelmäßig auf Social-Media-Plattformen aktiv zu sein. Der Aufbau und die Unterstützung von Corporate Influencern kostet immer Zeit und Geld.

Bei der Auswahl der Corporate Influencer sollten Unternehmen darauf achten, dass es eine gewisse Affinität zum Thema Social Media gibt. Niemand muss bereits vorher Erfahrungen mit den einzelnen Plattformen gesammelt haben. In der Regel lassen sich die notwendigen Fähigkeiten sehr schnell in Trainings vermitteln. Es bedarf jedoch eines gewissen Muts, sich auf die digitale Öffentlichkeit einzulassen. Vielen Menschen fehlt es an kultureller Erfahrung, sich in ihr zu bewegen.

Daraus sollte ein Unternehmen nicht den Trugschluss ziehen, dass junge Mitarbeiter:innen aufgrund ihrer Social-Media-Kenntnisse am besten für die digitale Kommunikation geeignet sind. Viel wichtiger ist die Branchenerfahrung, die jemand mitbringt. Erst dadurch erhalten Corporate Influencer in ihrer neuen Rolle ihre Glaubwürdigkeit. Sie sollen nicht die Rolle eines Social-Media-Managers übernehmen, sondern sich selbst in ihren Themenfeldern nachhaltig positionieren, damit Kunden und Bewerber:innen sie als glaubwürdige Ansprechpartner:innen wahrnehmen und akzeptieren. Dabei entscheiden die Corporate Influencer in der Regel selbst, worüber sie kommunizieren und publizieren. Ihren Content produzieren sie selbstständig, erhalten aber hierbei oft eine gewisse Unterstützung von der Unternehmenskommunikation.

Bevor ein Corporate Influencer offiziell loslegt, ist es sinnvoll, ihn in einigen digitalen Wissensgebieten zu schulen. Zentral sind dabei sehr häufig die Plattformen LinkedIn, Instagram, Twitter sowie Blogs und zunehmend Podcasts. Letztlich hängt das von der Branchenzugehörigkeit eines Unternehmens ab. In einer Zertifizierung können die Teilnehmer:innen erfahren, wie sie rechtssicher in Social Media aktiv werden und erfolgreich ihre Kompetenzen sichtbar machen können. Sie lernen zudem, wie sie ihre Personenmarke gezielt vermarkten können. Im Einzelnen geht es manchmal auch darum, gemeinsam Themen zu entwickeln und Blogartikel zu formulieren. Durch Übungen erfahren Corporate Influencer, wie sie ihr eigenes Wissen selbst erfolgreich sichtbarer machen.

Für Außenstehende ist es nicht immer leicht, die Corporate Influencer als solche zu identifizieren. Denn im Social-Media-Profil und Lebenslauf steht bei vielen Akteur:innen nichts über das Corporate Influencing, weil deren persönliche Expertise sinnvollerweise im Vordergrund steht. **Corpo-**

rate Influencer sind erst im Unternehmenskontext erkennbar. Sie bekennen sich allerdings zu ihrer Botschafter-Rolle in Interviews, persönlichen Beiträgen oder über Team-Hashtags auf LinkedIn, Twitter und Instagram.

Zumindest zum Start eines Corporate-Influencer-Programms empfehlen wir, mit einer kleinen Gruppe von etwa 10 bis 20 Personen anzufangen. Bei größeren Unternehmen kann diese nach einer Pilotphase erheblich ausgebaut werden. Schließlich sollte immer bedacht werden, dass jeder Corporate Influencer für seine neue, ergänzende Tätigkeit genügend Zeit braucht und diese Arbeit nicht in seiner Freizeit leisten kann.

Einige Unternehmen wie die Versicherung LV 1871 stellen ihren Corporate Influencern dafür zweieinhalb bis fünf Stunden in der Woche zur Verfügung. Das summiert sich mit der Zahl der Corporate Influencer schnell zu einem erheblichen Ressourcenaufwand, der nicht ohne Weiteres anderen Projekten zugerechnet werden kann. Gleichzeitig verfolgen einzelne Abteilungen oftmals andere Ziele als das Corporate Influencing. Aus diesem Grunde benötigt ein Corporate-Influencer-Programm innerhalb einer Organisation viel Akzeptanz und Verständnis. Denn selbsterklärend ist eine solche Strategie nicht.

Eine zusätzliche Vergütung ist für Corporate Influencer meistens nicht vorgesehen, weil diese ihre neuen Aufgaben in ihrer Arbeitszeit bewältigen sollen. Allerdings erhalten die Teilnehmer:innen an einem Corporate-Influencer-Programm einige Incentives für ihre Rolle. Wer als Corporate Influencer ausgewählt wird, erhält oftmals ein adäquates Training sowie persönliches Coaching. Zudem kann er auf zusätzliche Tools und interne Advocacy zugreifen. Auf die Schulungen gehen wir näher im Kapitel 3.2 »Arbeitsfelder« ein.

1.3 Warum Unternehmen auf Corporate Influencer setzen

Wer sich über ein Thema informiert, setzt dabei in der Regel auf Quellen, denen er eine gewisse Glaubwürdigkeit zugesteht. Offizielle Verlautbarungen eines Unternehmens genießen meistens wenig Vertrauen. Schließlich gehen Leser:innen davon aus, dass es sich um interessensgeleitete Kommunikation handelt. In einer Zeit des Informations-Overloads haben wir es gelernt, Werbung aus unserer Wahrnehmung auszublenden.

Unternehmen erreichen mit ihrem Corporate Content immer weniger ihre jeweiligen Stakeholder und sind deshalb auf der Suche nach alternativen Vorgehensweisen. Noch Anfang der 1980er-Jahre haben Konsumenten gerade einmal rund 850 Werbebotschaften am Tag gesehen. Diese Zahl stieg um die Jahrtausendwende auf täglich bis zu 3000 Kontakte. Durch die Onlinewerbung liegen wir mittlerweile jeden Tag bei 10 000 bis 13 000 Werbebotschaften.[3]

Das hat zu einer großen Werbeblindheit geführt und das Vertrauen in Unternehmensbotschaften generell verschlechtert. So glauben gerade einmal 14 Prozent hierzulande noch den Aussagen und Versprechen von Werbung.[4] Das lässt sich auf die kommerzielle Kommunikation von Organisationen übertragen. Immer mehr Menschen haben es gelernt, Ad-Blocker einzusetzen, oder schenken der Onlinewerbung nur mehr wenig Aufmerksamkeit.

Wer sich im Internet informiert, schaut sich in der Regel den Absender einer Information etwas genauer an. Gerade im Zeitalter der Fake News ist die Glaubwürdigkeit ein hohes Gut geworden. Längst nicht jedem Onlineartikel schenken die Leser:innen ihr Vertrauen. Bei der Bewertung überprüfen sie bewusst oder unbewusst die Erfahrungen, die sie mit einer Medienmarke oder einem:r Autor:in gemacht haben. Steht der Absender für ein Unternehmen und wirkt werblich, gehen viele eher von einer nach Interessen geleiteten Kommunikation aus. Anders sieht es hingegen bei Autor:innen aus, die mit ihrem profunden Wissen glänzen und ihre Expertise in den Vordergrund stellen. Darauf reagieren viele sehr positiv.

Wenn Corporate Influencer eine Unternehmensbotschaft anders aufbereiten und mit einer persönlichen Anmerkung versehen, nimmt die Wahrnehmung und die Interaktion mit dem Content einer Marke deutlich zu. Die meisten Menschen achten auf die Inhalte ihrer jeweiligen Peergroup und reagieren eher darauf, wenn diese etwas auf LinkedIn, Xing, Facebook, Twitter oder Instagram posten. Auf offizielle Unternehmensverlautbarungen reagieren hingegen nur wenige, weil sie dort keine Antworten erwarten.

Die eigenen Mitarbeiter:innen ergänzen durch ihre persönlichen Social-Media-Aktivitäten inzwischen oft die Unternehmenskommunikation bei der Verbreitung von Inhalten. Corporate Influencer können mit ihrer Expertise sehr gut und glaubwürdig Unternehmensbotschaften in der Social-Media-Welt vermitteln.

1.3.1 Mitarbeiter:innen sind glaubwürdiger als ihre Arbeitgeber

Denn auf die Postings echter Menschen reagieren viele sehr positiv. Menschen vertrauen Menschen, die ihnen nahe sind, die sie verstehen und denen sie eine gewisse Kompetenz zugestehen.

Dabei haben die eigenen Mitarbeitenden gegenüber externen Influencern einen großen Vorteil. Sie sind häufig kostengünstiger, kennen ihre Marke besser und können ihre Expertise im Rahmen ihrer Arbeit einbringen. Komplexe und erklärungsbedürftige Leistungen eines Unternehmens können sie häufig besser in Wort und Bild präsentieren, weil sie damit täglich zu tun haben. Im Vergleich zu externen Testimonials verfügen sie über eine höhere Glaubwürdigkeit, wenn ihre Kommunikation echt und authentisch ist.

Die Botschafter:innen sind in ihrer Social-Media-Kommunikation unmittelbare Ansprechpartner:innen für viele Stakeholder. Als Repräsentant:innen ihres Unternehmens können sie eine persönliche Beziehung auf- und ausbauen und auf diese Weise eine Kundenbindung vertiefen. In gewisser Weise sind Corporate Influencer sogar Augen, Ohren und Stimme einer Organisation. Einerseits kennen Corporate Influencer die Kundenbedürfnisse sehr gut, zum anderen können sie auf Kundenfragen direkte Antworten geben, weil sie im Idealfall einen guten Zugang zum Unternehmenswissen haben.

Dies hat beispielsweise auch Clarissa Haller, ehemalige Kommunikationschefin bei Siemens, erkannt. Haller hat in ihrem alten Unternehmen nicht mehr darauf vertraut, dass die Unternehmenskommunikation die Außendarstellung eines Hauses wie Siemens allein bestimmt. Sie setzte auf das Engagement der Siemens-Mitarbeiter:innen, weil sie einen wichtigen Beitrag zur Markenwahrnehmung und Reputation leisten. Authentische Kommunikation sieht sie als Voraussetzung dafür an, Einfluss auf die Unternehmenswahrnehmung zu nehmen. Das Vertrauen ist ihrer Ansicht nach »die Währung im digitalen Zeitalter«.

Wie wichtig ein solches Vertrauen ist, das zeigt sich auch in der geringen Resonanz, die Corporate-Kanäle oft in Social Media haben. Wenn dieselben Informationen von Mitarbeiter:innen eines Unternehmens aufgegriffen und mit einer persönlichen Anmerkung versehen werden, nimmt die Wahrnehmung und die Interaktion mit dem Content einer Marke deutlich zu. Die meisten Menschen achten auf die Inhalte ihrer jeweiligen Peergroup und interagieren eher damit, wenn diese etwas in den sozialen Medien posten. Auf offizielle Unternehmensmitteilungen oder Social-Media-Postings reagieren hingegen immer nur verhältnismäßig wenige.

Bei Corporate Influencern geht es nicht um die Selbstdarstellung einzelner Mitarbeiter:innen und deren Social-Media-Fähigkeiten, sondern um deren klare berufliche Positionierung (siehe Kapitel 4 »Person: Wie Personal Brands wirken«). Wer regelmäßig auf LinkedIn über seine Fachthemen berichtet und dort erkennbar seine Expertise zeigt, dem vertrauen die Mitglieder des Business-Networks eher. Auf diese Weise können die Expert:innen sehr gut ihr persönliches Netzwerk ausbauen und zu Personal Brands werden. Von deren Reichweite profitiert das Unternehmen.

1.3.2 Unternehmen und Mitarbeiter:innen profitieren vom Corporate-Influencer-Programm

Die persönliche Kommunikation der Corporate Influencer verleiht einer Marke mehr Authentizität und Glaubwürdigkeit. Im Unterschied zu einem abstrakten Unternehmen wirken einzelne Fachexperten verbindlicher. In der Regel stehen sie für konkrete Themen- und Kompetenzfelder und tauschen sich über ihre Netzwerke dazu gezielt aus. Dafür sind beispielsweise die Plattformen Twitter, LinkedIn und Xing, aber auch Blogs und Podcasts besonders gut geeignet. Sie erlauben es, sich als Personenmarke wiedererkennbar zu machen.

Wer regelmäßig zu einzelnen Themenfeldern Content veröffentlicht und einen Beitrag zu passenden Diskussionen liefert, kann darüber seine Personal Brand auf- und ausbauen. Das wirkt sich positiv auf die Unternehmensreputation aus, wenn die Akteure als Unternehmensmitarbeiter:innen wahrgenommen werden. Außerdem macht es eine Marke wesentlich sympathischer, weil wir darüber echte Menschen mit all ihrer Leidenschaft erleben, denen wir daraufhin gerne vertrauen.

1.4 Die Ziele einer Corporate-Influencer-Strategie

Unternehmen verfolgen über ihre Corporate Influencer unterschiedliche Ziele. So reagieren sie mit ihrem Botschafterprogramm auf die sinkenden organischen Reichweiten in Social Media und wollen über ihre Corporate Influencer die Sichtbarkeit in bestimmten Themenfeldern erhöhen und dabei von der Expertise und Persönlichkeit ihrer Mitarbeiter:innen profitieren. Zudem wollen viele ihr Employer Branding, Recruiting und die Reputation stärken.

Die häufigsten Zieldimensionen einer Corporate-Influencer-Strategie fokussieren sich vor allem auf folgende Funktionen der betrieblichen Aufbauorganisation:

- HR/Personalwesen
    - Recruiting unterstützen und Mitarbeiter:innen finden
    - Das Image des Unternehmens verbessern (Employer Branding)
    - Die interne Zusammengehörigkeit stärken
    - Wissenstransfer unterstützen
    - Kommunikation der Mitarbeiter:innen insgesamt stärken
    - Die digitale Transformation mitgestalten

- Marketing/Kommunikation/Vertrieb
    - Die Unternehmensbekanntheit verbessern
    - Neukunden gewinnen

    - Leadgenerierung und Social Selling
    - Reichweite steigern
    - Interaktionen in Social Media steigern
    - Kundenbindung verbessern
    - Kommunikation mit Stakeholdern unterstützen

- Service/After Sales
    - Kund:innen zuhören – dezentrales Monitoring
    - Service optimieren
    - Persönliche Ansprechpartner:in für Kund:innen sein

Beim Start eines Corporate-Influencer-Programms sollte immer eine Strategie definiert werden, in der die präferierten Ziele festgehalten und das genaue Vorgehen skizziert werden. Dabei ist es sinnvoll, von der Content-Strategie der Organisation auszugehen und diese als Grundlage der Auswahl der Corporate Influencer zu nutzen.

Diese sollte zu den Fokusthemen ihrer Marke inhaltlich etwas beitragen können. Mit welchen Themen wollen Sie als Unternehmen eine stärkere Resonanz bei definierten Zielgruppen erhalten? Was würden Sie hierbei als Erfolg sehen? Was zahlt auf die Unternehmensstrategie ein? Wie lassen sich die KPIs konkret überprüfen? Welche Ressourcen sind für den Aufbau einer Advocacy der Corporate Influencer notwendig? Gibt es besondere Prämissen bei der Kanalauswahl der Botschafter:innen? Auf all diese Fragen sollte das Corporate-Influencer-Strategieteam klare Antworten haben.

1.4.1 Employer Branding als strategisches Corporate-Influencer-Ziel

Im Personalbereich ist international der Begriff »Employee Advocacy« sehr verbreitet, der auch synonym für Corporate-Influencer-Programme genutzt wird. Als Employee Advocacy wird generell die Förderung einer Organisation durch ihre Mitarbeiter:innen beschrieben. Für viele Organisationen steht bei dieser Förderung ein gutes Employer Branding als Ziel im Vordergrund. Im Grundsatz geht es hierbei um die Wahrnehmung der Arbeitgebermarke durch die eigenen Mitarbeiter:innen und durch potenzielle Bewerber:innen. Oft werden dazu Marketing- und HR-Kampagnen aufgesetzt, um die Sichtbarkeit einer Marke zu verbessern. Allerdings bezieht sich das meistens auf alle Angestellten. Sie werden vom Unternehmen darin unterstützt, in Social Media die Inhalte zu teilen und als Advocates auf die Leistungen zu verweisen. Dabei geht es um Word-of-Mouth-Marketing.

So setzt beispielsweise die Schweizer SIX Group AG auf ein Employee-Advocacy-Programm und will das Social-Media-Engagement ihrer Mitarbeiter:innen erhöhen. Dazu erhalten diese über eine Advocacy-App Inhalte, die sie posten können. Die Themen werden vom Social-Media-Team in einem internen Content-Kalender für die Advocates definiert, sodass diese darüber mit Ideen versorgt werden und sich als Thought Leader selbst profilieren können.

Das Handelsunternehmen Otto hat von Anfang an deutlich gemacht, dass es über eine authentische Kommunikation der Mitarbeiter:innen neue Bewerber:innen gewinnen will. Aus diesem Grund nennt Otto seine Corporate Influencer bewusst Jobbotschafter:innen. Die Otto-Kommunikatorin Eugenia Mönning meint dazu:

»Wir lassen die einfach machen. Wenn wir Shootings mit den Jobbotschaftern haben, geben wir auch keine Vorgaben zu Frisur oder Kleidung, jeder soll kommen, wie er ist, und sich auch so vor der Kamera wohlfühlen. Alles andere würde man auf den Fotos oder Videos sehen, wenn man den Menschen vorschreibt, wie sie sich verhalten sollen. Es soll echt bleiben, das ist der Kernpunkt unseres Programms. Es geht um Authentizität, um echte Einblicke, die von den Talenten erwartet werden. Deswegen gibt es von Otto hierbei keine Vorschriften. Die Bewerber:innen möchten das Unternehmen, bei dem sie sich bewerben, näher kennenlernen. Auf möglichst viele unterschiedliche Arten – mit echten Menschen, die ihnen ehrlich berichten, wie die Arbeitsweisen sind, welche Technologien genutzt werden, wie der Teamspirit ist. Wir haben viele Kolleg:innen, die voller Begeisterung von Otto und ihren Aufgaben erzählen und für ihren Job brennen. Diese Kolleg:innen unterstützen wir mit unserem Corporate-Influencer-Programm dabei, den für sie passenden Weg zu finden, ihre Geschichten und Leidenschaft auszudrücken.«

Der Kommunikator Marc Raschke hält die Corporate Influencer vom Klinikum Dortmund für sehr authentisch: Dadurch »gewährleisten sie als Botschafter:innen einen Austausch auf Augenhöhe mit ihrem Umfeld«.

Die Kommunikatorin Sinah Titzmann, die bei DATEV die Corporate Influencer betreut, sieht es genauso: »Menschen vertrauen Menschen mehr als Unternehmen und Marken. Wir setzen daher auf die Glaubwürdigkeit und die Authentizität, die unsere Corporate Influencer im Social Web schaffen, was sich positiv auf das externe Auftreten unserer DATEV auswirkt. Das hilft nicht nur in Sachen Reichweite, sondern auch bei Authentizität und Image, steigert die Glaubwürdigkeit und soll uns konkret dabei helfen, unsere Arbeitgebermarke besser zu positionieren, besseren Social Service anzubieten und auch neue und intensivere Kundenkontakte für unsere Kolleg:innen im Außendienst zu erschließen.«

1.4.2 Corporate Influencer im Vertrieb (Social Selling)

Neben dem Employer Branding sind in der Coronakrise viele Vertriebsmitarbeiter:innen auf LinkedIn aktiver geworden und haben versucht, darüber auf schnelle Art und Weise Leads zu generieren. Daran sind jedoch viele Akteure grandios gescheitert. Denn einen schnellen Vertriebserfolg gibt es auf LinkedIn nicht wirklich.

Das neue Buzzword »Social Selling« steht für ein großes Missverständnis. Wer Kunden gewinnen will, darf diese auf LinkedIn ansprechen, sollte sie jedoch nicht durch seine Pitchanfragen per Kontaktanfrage sofort wieder vertreiben. Längst nicht jedes LinkedIn-Mitglied hat ein großes Interesse an möglichst vielen Kontakten. Ganz im Gegenteil. Die meisten bevorzugen ein Netzwerk, das aus hochwertigen, relevanten Kontakten besteht. Daher werden viele Kontaktanfragen abgelehnt, wenn deren Urheber:innen unbekannt sind. Folgt einer Kontaktanbahnung unmittelbar darauf ein Geschäftsangebot, verlieren viele sofort das Vertrauen und lehnen den Kontakt ab. Letztlich ist dieses Vorgehen kein Social Selling, sondern eher pures Spamming. Es erinnert an Hard Selling im Sinne des Strukturvertriebs.

Wenn jemand auf LinkedIn eine Kontaktanfrage stellt und kurz darauf ein Angebot hinterherschickt, sind viele Onliner überrascht und reagieren auf diesen Sales-Ansatz eher ablehnend. Beispiele für eine schlechte Kundenansprache gibt es auf LinkedIn zahlreiche unter dem Hashtag #salespfosten. In unseren Kontaktanfragen fanden wir folgende Negativbeispiele:

- »Ich bin ganz offen und falle mit der Tür gleich mal ins Haus: Ich möchte dich gerne als neuen Kunden gewinnen. Ich kann mir gut vorstellen, dass ich die Tausendste bin, die das möchte, oder?«
- »Erst mal: Ihre Seite sieht wirklich top aus! Um Ihre Zeit zu schätzen, komme ich direkt zum Punkt: Ich suche aktuell noch eine passende ›Personal Branding Agentur (B2B)‹ als Partner für die Metropolregion München, die jede Woche fünf bis acht exklusive und vorqualifizierte Kundentermine erhalten will, ohne Geld in Werbung zu stecken oder viel Zeit für die Akquise aufzuwenden. Klingt das interessant für Sie?«
- »Du scheinst genau die Art von Mensch zu sein, die sich nicht zufriedengibt und immer nach neuen Herausforderungen sucht. Deshalb glaube ich, dass XYZ für dich von Interesse sein könnte.«

Verkäufer:innen, die so vorgehen, prägen das Klischee einer Rolle, die in unserer Zeit ganz anders aussehen sollte. Professionelle Verkaufsprofis und Vertriebler sehen dieses Vorgehen deshalb zu Recht sehr kritisch.

So ist das für Markus Härlin ein schlechter Verkaufsansatz, der dem Vertriebsprozess als solchem schadet. Er ist ein erfahrener Vertriebsmanager und arbeitet beim Personaldienstleister Hays. Dort ist er verantwortlich für das Inhouse Consulting des Strategischen Vertriebs. Für Härlin gehören Social Selling und digitales Marketing zu den wichtigsten Touchpoints am Anfang der Customer Journey. Genauso wichtig ist der Status eines Verkäufers als Corporate Influencer. Sie sind für ihn »die Champions League im neuen Sales. Denn als Experte wirst du häufiger angerufen, kommst im Unternehmen auf höheren Ebenen rein – und schließt am Ende wertiger ab!«

Bei Social Selling geht es um den Auf- und Ausbau einer Kundenbeziehung mit dem Ziel einer Leadgenerierung. Das hat jedoch mehr mit dem Community Building (siehe Kapitel 2.2 »Communitys als Katalysatoren des Wandels«) gemein als mit dem klassischen Vertrieb.

Social Seller sind auch Corporate Influencer

Während die meisten Markenbotschafter:innen sich bei ihren Social-Media-Aktivitäten um den Aufbau und die Pflege von Kontakten kümmern, um darüber ihre Botschaften zu verbreiten, geht es bei den Corporate Influencern im Vertrieb um die konkrete Gewinnung von Leads und den Aufbau von relevanten Geschäftsbeziehungen.

> Ein Social Seller ist ein Corporate Influencer, der die vertrieblichen Ziele für sein Unternehmen verfolgt.

Im Prinzip kann er dabei eigene Inhalte und den Content von anderen Corporate Influencern nutzen, um seine Leadgenerierung zu unterstützen. Oftmals setzen Social-Selling-Ansätze im deutschsprachigen Raum auf die Plattform LinkedIn oder Xing. Andere Plattformen wie Facebook, Twitter und Instagram werden meistens im Social-Media-Marketing eingesetzt, um darüber die Markenbekanntheit zu erhöhen und die Kundenkontakte zu verbessern.

Im Social Selling müssen die Akteure ihre eigenen Social-Media-Accounts aufsetzen und nutzen, um darüber unmittelbar Leads zu generieren. Das Ziel vieler Vertriebler besteht darin, neue Kontakte aufzubauen und alte Beziehungen zu vertiefen. Dazu müssen sie ihre Kundenbeziehungen auf einer Plattform wie LinkedIn selbst pflegen.

Um auf LinkedIn eine Relevanz für potenzielle Kontakte zu haben, sollten auch Social Seller selbst auf LinkedIn regelmäßig Beiträge veröffentlichen und bei anderen Mitgliedern sinnvolle Kommentare hinterlassen. In Ergänzung zu den Tätigkeiten eines Corporate Influencers empfiehlt sich beim Social Selling,

- erst eine vertrauensvolle Beziehung aufzubauen,
- fachlichen Nutzen durch entsprechenden Content zu belegen,

- auf werbliche Ansprachen zu verzichten,
- keine Produkte oder Services anzupreisen und
- auf jegliche Kaltakquise in LinkedIn zu verzichten.

Content-Marketing kann im Social Selling dazu genutzt werden, den Kundenkontakt zu intensivieren. Dafür muss der Content jedoch adäquat sein. Die internen Unternehmensprozesse müssen zudem dazu passen, sodass aus dem Content-Einsatz eine konzertierte Aktion in Echtzeit werden kann.

Social Seller profitieren vom eigenen Content

Wie wichtig die Content-Qualität im Social Selling geworden ist, das wird durch die Wasserloch-Strategie von Anne M. Schüller und Nobert Schuster deutlich, die sie in ihrem Buch *Marketing-Automation für Bestandskunden* präsentieren.

Im Blog *PR-Blogger* stellt Anne M. Schüller den Vergleich zu einem Fotografen auf, der wild lebende Elefanten ablichtet.[5] Die altbekannte Methode, um nun an diese Tiere heranzukommen, wäre es, durch Busch, Savanne und Dschungel zu streifen, bis man einen Elefanten findet. Auf diese Art und Weise würde »im übertragenen Sinne« auch der »alte« Vertrieb arbeiten, so Schüller.

Bei einer Wasserloch-Strategie geht es hingegen darum, nicht hinter den Elefanten herzulaufen und sie zu finden. Stattdessen gräbt man selbst ein Loch, legt auf ihrem Grundstück ein Wasserloch an und lockt sie dadurch an: »In den ersten Tagen danach bekommen Sie wahrscheinlich noch keine Elefanten zu sehen. [...] Doch schon bald sehen Sie dann jeden Tag Elefanten [...]. Schnell spricht sich die gute Nachricht herum. Ihr Wasserloch zieht immer mehr Tiere an.«

Wenn Sie im Vertrieb arbeiten, jagen sie keinen Dickhäutern hinterher, sondern wollen Leads gewinnen. Dafür können Sie aber auf Ihrem persönlichen LinkedIn-Grundstück selbst eine Art Wasserloch anlegen und auf diese Weise Follower und Kontakte gewinnen.

Statt Wasser bieten Sie Ihren Kunden nicht Wein, aber spannende Inhalte an, die auf deren Informationsbedürfnisse reagieren. So können sie »durstige« Leads anlocken und für sich gewinnen. Über so eine Content-

Strategie können Sie Ihre Kundenbeziehungen auf- und ausbauen. Eine wichtige Voraussetzung besteht jedoch darin, passende und für Ihre Kunden relevante Inhalte anzubieten.

Dadurch bieten Sie als Corporate Influencer regelmäßig Gesprächsanlässe und können auf diese Weise ihre Kundenbeziehungen ausbauen und reifen lassen. Im Vertrieb sollten sich Sales-Verantwortliche dafür Zeit lassen. So meint Markus Härlin: »Wer ein richtig guter Social-Selling-Profi werden will, braucht dafür 12 bis 18 Monate – und für diesen Weg gibt es keine Abkürzung!« Doch Härlin macht Vertrieblern insgesamt viel Hoffnung: »Es geht dabei um ›Pull‹, nicht um ›Push‹: Erst arbeitest du 12 bis 18 Monate für deine Marke – dann arbeitet deine Marke ein Leben lang für dich!«

Im Social Selling steht das Knüpfen von Beziehungen im Zentrum der eigenen Bemühungen. Das »Social« ist von enormer Bedeutung. Selling wird erst denkbar, wenn eine sehr gute Vertrauensbasis entstanden ist.

Für den Digital Consultant Felix Thomas Schwarz bei Hays ist Social Selling kein Ersatz des herkömmlichen Vertriebs, sondern dient als dessen Katalysator: »Dabei profitieren Verkaufsberater:innen von unserem heutigen Informationsverhalten. Wir recherchieren mit unseren Rechnern und Mobilgeräten online. Laut einer Deloitte-Analyse von 2020 nutzen 59 Prozent der deutschen Smartphone-Nutzer:innen ihr Handy außerhalb der Arbeitszeit für berufliche Dinge.[6] Dadurch sind sie für den Vertrieb grundsätzlich erreichbar. Entscheidend bei einer versuchten Leadgenerierung ist es, mit den eigenen Inhalten in den Newsfeed der jeweiligen Zielgruppe zu gelangen. Wem es gelingt, seine Kontakte auf LinkedIn oder anderen Businessplattformen auszubauen, kann darüber seine Kundenbeziehungen gezielt ausbauen.«

Noch wichtiger als die eigene Content-Produktion ist bei einem Social Seller die Kundenkommunikation. Über eigene Inhalte sowie Kommentare in Social Media können sie als Corporate Influencer ihre Geschäftsbeziehungen auf LinkedIn und anderen Plattformen ausbauen.

Bei der Auswahl der Social Seller spricht sich Markus Härlin für eine kluge Auswahl der Akteure aus: »Nur 20 Prozent der gesamten Vertriebsmannschaft ist in der Lage, wirklich etwas zu entscheiden – und dann müssen die für Social Selling auch noch schreiben können!«

1.4.3 Content-Marketing über Mitarbeiter:innen

Steht zum Start das Thema Employer Branding und Recruiting häufig bei den Unternehmen im Fokus, die ein Corporate-Influencer-Programm aufgesetzt haben, ändert sich das meistens im weiteren Verlauf sehr schnell, weil vielen Entscheider:innen klar wird, dass sich die Mitarbeitenden sehr gut als Content-Distributor:innen einsetzen lassen. Dieser Botschaftergedanke führt uns zum Content-Marketing.

Unternehmensbotschaften sind wesentlich erfolgreicher, wenn sie von den eigenen Mitabeiter:innen präsentiert werden. Im Vergleich zu Unternehmenspostings erzielen die meisten persönlichen Beiträge viel mehr Engagement in den sozialen Medien, weil Menschen andere Menschen mögen und die Kommunikation mit bekannten Akteuren aus der eigenen Peergroup bevorzugen.

Vertrauen erzeugen Unternehmen daher am besten, wenn sie ihre Themen, Produkte und Services über Menschen vorstellen. Oft werden dazu Testimonials oder Influencer eingesetzt. Dabei ist deren Glaubwürdigkeit jedoch von enormer Bedeutung. Menschen vertrauen am liebsten den Menschen, die ihnen selbst ähneln und sie emotional ansprechen. Laut Edelman Trust Barometer gelten die Mitarbeiter:innen eines Unternehmens als sehr glaubwürdige Informationsquellen. 53 Prozent der Befragten stimmen dieser Aussage zu.[7]

Personalisierte Inhalte gehören schon länger zu den größten Content-Marketing-Trends. Laut der Content-Marketing-Trendstudie 2020 sind sich 84 Prozent der B2B-Unternehmen darüber einig, dass sie nicht mehr auf personalisierten Content verzichten können.[8] Dabei geht es vor allem um die konkrete Anpassung an die Kundenbedürfnisse, aber auch um die konkrete Realisierung individueller Ansprachen.

Mit der persönlichen Ansprache über eigene Mitarbeit:innen tun sich noch immer viele Unternehmen eher schwer, obwohl diese oftmals positiv bewertet wird. Wie erfolgreich diese Form der Personalisierung im Content-Marketing ist, zeigen viele Beispiele.

So hat das Kosmetik-Start-up Junglück festgestellt, dass der Content am besten funktioniert, der vom eigenen Team produziert und vorgestellt wird. Das Social-Media-Team und die Expert:innen wirken sowohl in den

Unternehmensvideos, auf Social Media wie auch in Blogbeiträgen glaubwürdig und nahbar.

Die Produktspezialist:innen kennen ihre Zielgruppen sehr gut und zeigen in ihrem Content, wie sie die Produkte selbst anwenden. Der Gründer Benedikt Klarmann hat das in einem Interview mit OMR wie folgt erläutert: »Wir wollen versuchen, unseren Followern ein Gesicht zur Marke zu geben – oder eher mehrere Gesichter, die zeigen, dass wir bunt sind.«[9]

»Unser Kernthema als gesetzliche Krankenkasse ist die Gesundheit des Menschen und des Planeten«, erläutert Angelica Bergmann, BKK ProVita. »Denn ohne eine gesunde Umwelt kann niemand gesund leben. Für uns sind Werte wie Achtsamkeit und Nachhaltigkeit besonders wichtig. Diese können glaubhaft nur über unsere Führung und unsere Mitarbeitenden gelebt und vermittelt werden. Mithilfe unserer Corporate Influencer, die auf den persönlichen und unseren Corporate Accounts sichtbar werden, können wir zeigen, dass unser Bekenntnis zu ›Planetary Health‹ kein grüner Anstrich und kein reines Lippenbekenntnis ist, sondern dass wir unsere Werte wirklich leben und authentisch kommunizieren (lassen). Wir setzen tatsächlich also eigentlich auf Corporate ›Sinnfluencer‹.«

Für Dr. Clas Dammann, Nestlé, sind die persönlichen Geschichten, welche die Corporate Influencer mit ihren Netzwerken teilen, von großer Bedeutung: »Sie erzählen nahbarer, direkter, persönlicher über ihre Projekte. Nur mit ihnen entsteht ein komplettes Bild unseres Unternehmens.«

Für Lennart Crossley, Swiss Life Deutschland, drücken Corporate Influencer den Wunsch eines Mitarbeitenden aus, seine Begeisterung für eine Marke zu verkünden. Das ist noch nicht unbedingt für ihn das Ziel eines Employee-Advocacy-Programms:

»Bei unserem Corporate-Influencer-Ansatz geht es eher darum, die Unternehmensmarke über viele ›Personenkanäle‹ mehr oder minder authentisch zu verlängern. In den meisten Fällen hilft die Vernetzung untereinander viel besser dabei, Silodenken abzubauen und die Unternehmenskultur mit Leben zu füllen. Während das Verständnis für Mitarbeiter:innen und die Offenheit gegenüber Mitarbeitenden, die sich im Unternehmen einsetzen und dort für eine offene Dialogkultur eintreten, meiner Meinung nach generell zugenommen hat, hat sich die Art und Weise, wie und worüber im öffentlichen Raum diskutiert wird, in den letzten Jahren deutlich radikalisiert. Daher ist es heutzutage wichtiger denn je, nicht nur die innere und äußere Funktion des Corporate-Influencer-Ansatzes zu verstehen, sondern Mitarbeitende auch das Skillset zu vermitteln, um im digitalen Raum effektiv zu kommunizieren. Daher sehe ich das Thema Corporate Influencer bei Swiss Life Deutschland weniger als programmatisch starren Ansatz zur kompromisslosen Reichweitensteigerung für Corporate und viel mehr als eine Bewegung, die Mitarbeitende unterschiedlichster Hierarchien vernetzt, sie schult und ihnen die Möglichkeit gibt, ihre Stimme authentisch einzusetzen.«

Im Vergleich zum offiziellen Corporate Content können persönliche Inhalte in puncto Reichweite und Engagement oftmals überzeugen. Vor allem dann, wenn viele Mitarbeitende über ihre Social-Media-Aktivitäten darauf gezielt aufmerksam machen.

1.5 Corporate-Influencer-Programme im Überblick

Es gibt keine validen Zahlen zu Corporate-Influencer-Aktivitäten im deutschsprachigen Raum, weil es noch ein sehr junges Phänomen ist. Die Zahl der Corporate-Influencer-Initiativen lässt sich nur schätzen. Das liegt unter anderem daran, dass nur wenige Unternehmen die Öffentlichkeit über ihre Programme informieren. Einige Firmen präsentieren ihre Corporate-Influencer-Strategie direkt nach dem Start. Andere warten lieber die ersten Erfolge ihrer Pilotprogramme ab und sind zurückhaltend in ihrer Kommunikation.

Auf den Social-Media-Profilen vieler Corporate Influencer ist zudem nicht erkennbar, ob sie eine entsprechende Rolle in ihrer Organisation einnehmen, dafür ausgewählt worden sind oder sich selbst dazu berufen fühlen. Viele Mitarbeiter:innen sind auf LinkedIn aktiv im Personal Branding und bauen darüber ihr persönliches Netzwerk aus. Sie positionieren sich aus eigenem Interesse, erhalten dafür jedoch oft keine Unterstützung vonseiten ihrer Arbeitgeber.

Hinzu kommt, dass die verwendeten Begriffe für die Akteure wenig einheitlich sind (siehe Kapitel 1.1 »Was sind Corporate Inluencer?«). Lässt sich eine Employer-Branding-Kampagne mit Mitarbeiter:innen bereits unter Corporate Influencing verbuchen? Ist eine Social-Selling-Initiative, in der Vertriebsmitarbeiter:innen den erfolgreichen Umgang mit LinkedIn lernen, bereits ein Corporate-Influencer-Programm? Wenn die Mitarbeiter:innen anschließend im Sinne eines Programms betreut und unterstützt werden, lassen sie sich dazuzählen. Sind es jedoch eher einmalige Schulungen oder Kampagnen, würden wir sie nicht dazurechnen.

Aufgrund unserer eigenen Recherchen gehen wir in Deutschland, Österreich und der Schweiz davon aus, dass es zahlreiche Corporate-Influencer-Programme gibt und diese sogar schnell ausgebaut werden. Wir schätzen die Zahl der Programme auf mindestens 300.

Einen Bruchteil davon präsentieren wir in diesem Buch in der folgenden Übersichtstabelle, in der einzelne Branchenbeispiele aufgeführt werden.

BRANCHE	AKTIVE UNTERNEHMEN
Bauwirtschaft	Knauf PFT Trumpf Zeppelin Rental
Chemieindustrie	Bayer LANXESS
Einzelhandel	Apollo-Optik
Energiewirtschaft	EnBW
Handel	ORION Otto Peek & Cloppenburg
Konsum & Fast Moving Consumer Goods	Henkel L'ORÉAL Nestlé myToys
Medien	Hessischer Rundfunk Schlütersche Verlagsgesellschaft

BRANCHE	AKTIVE UNTERNEHMEN
Öffentlicher Dienst	Bundeswehr Polizei Berlin Stadtwerke Neuss
Personaldienstleister	Brunel Hays
Gesundheit & Pflege	BKK ProVita Epilepsiezentrum Kleinwachau Klinikum Dortmund SBK Siemens-Betriebskrankenkasse
Technik & Telekommunikation	Atruvia Bosch-Gruppe Bechtle DATEV Deutsche Telekom Easy Software ebm-papst GS1 Germany G DATA HubSpot IBM IMC Microsoft Sage Group SICK Siemens
Tourismus & Gastronomie	prizeotel TUI
Verkehr & Logistik	Daimler Deutsche Bahn ESA MANN+HUMMEL

BRANCHE	AKTIVE UNTERNEHMEN
Finanzen	Allianz Commerzbank Deutsche Bank GLS Bank Hamburger Sparkasse Helvetia Versicherungen Deutschland LV 1871 Sparda-Bank Hessen Swiss Life Deutschland Versicherungskammer Bayern Volksbank Raiffeisenbank Dachau

Tabelle 1: Übersicht zu Corporate-Influencer-Programmen

Falls Sie und Ihre Organisation noch nicht dabei sind, können wir Ihr Unternehmen gerne aufnehmen und die Tabelle vervollständigen.

1.5.1 Austauschplattform für Corporate-Influencer-Verantwortliche

Um von anderen Corporate-Influencer-Initiativen lernen zu können, müssen Sie sich nur bei uns melden oder Mitglied in unserer Corporate-Influencer-LinkedIn-Gruppe werden. In ihr weisen wir regelmäßig auf neue Corporate-Influencer-Programme hin und werden Updates unserer Tabelle zur Verfügung stelle.

Diese Austauschplattform haben wir bereits im Juli 2019 gegründet. Seitdem ist sie stetig gewachsen, sodass sich dort aktuell rund 2000 LinkedIn-Nutzer:innen zum fachlichen Austausch zusammenfinden. Sie können jederzeit Mitglied werden, erhalten dort Informationen zu Corporate-Influencer-Themen und können sich über Ihre Erfahrungen mit anderen austauschen.

Über unsere Gruppe laden wir außerdem regelmäßig zum Corporate Influencer Breakfast ein. Als Moderator diskutiert Klaus Eck dort mit ausgewählten Gästen aus der Corporate-Influencer-Praxis. Wir gehen der Frage nach, wie eine Organisation ihr Corporate-Influencer-Programm konkret aufgesetzt hat und wie der tägliche Alltag mit den Botschafter:innen aussieht. Dabei betrachten wir die Chancen und Risiken des Einsatzes von Corporate Influencern.

Weiterführende Info:
Corporate-Influencer-LinkedIn-Gruppe

Eingeladen sind in der Regel die Ansprechpartner:innen der Communitys, Corporate Influencer selbst und Expert:innen aus dem Corporate-Influencer-Umfeld.

Wer Interesse an der Teilnahme an diesem Zoom-Talk hat, kann sich auch über den wöchentlichen Eck Newsletter über die nächsten Events informieren: https://klauseck.substack.com/

1.6 Wie sich die Unternehmenskultur verändert

New Work, Diversity, Nachhaltigkeit und Digitalisierung sind wichtige Schlagworte der 2020er-Jahre, die ausdrücken, welche Veränderungen auf viele Organisationen zukommen. Die Corona- ebenso wie die Klimakrise setzen viele Unternehmen unter enormen Druck, sich den neuen Umweltbedingungen anzupassen.

Qualifizierte Bewerber:innen stellen die Sinnfrage. Sie fordern mehr Freiheiten im Businessalltag ein und setzen auf eine moderne Unternehmenskultur. Wer sich als Arbeitgeber darauf nicht einlässt und nicht den Ansprüchen der jungen Generationen genügt, gerät im War of Talents um die begehrtesten Fachkräfte schnell unter erheblichen Druck und kann seine Stellen vielleicht nicht mehr besetzen.

1.6.1 Eine offene Unternehmenskultur wird erwartet

Viele Menschen wünschen sich eine Unternehmenskultur, die auf Vertrauen und Selbstmotivation der Mitarbeiter:innen beruht. Darauf setzt auch der Bestsellerautor und New-Work-Vordenker Frédéric Laloux. Er erwartet durch die Coronakrise einen großen Wandel in der Arbeitswelt, in der alte Führungsmodelle an Bedeutung verlieren, die bisher noch auf Überwachung gesetzt haben. Ihm geht es darum, dass alle Beschäftigten offener miteinander sprechen können und nicht nur performen müssen. Der regelmäßige persönliche Austausch über Video- und Telefonkonferenzen kann seiner Ansicht nach dazu einen guten Beitrag leisten.[10]

Allerdings müssen Entscheider:innen sich dazu vom alten Denken lösen, das die Angestellten bisher in fachliche Rollen und Hierarchien aufteilt. Während im Arbeitsleben gemeinhin nur über Arbeitsthemen berichtet worden ist, gab es oft nur wenig Raum für private Themen. Das hat sich durch die vielen Videokonferenzen in der Coronakrise ein wenig aufgelöst. Denn auf einmal erlebten viele ihre Vorgesetzten vor der privaten Bücherwand im Homeoffice und gewährten selbst Einblicke in ihre privaten Umstände im Homeoffice. Zudem fragten viele Führungskräfte ihre Mitarbeiter:innen nach ihrer Befindlichkeit und schenkten ihnen dafür ihre Zeit.

Wenn etwas Gutes aus der Coronakrise hervorgehen könnte, dann eine verbesserte interne Kommunikation, das Verständnis für das aktive Zuhören und die Wahrnehmung der Mitarbeiter:innen jenseits ihrer hierarchischen Funktion als Menschen mit all ihren Facetten. Diese sind oftmals in der Lage und bereit dazu, selbstverantwortlich im Sinne von New Work zu arbeiten.

Mit der andauernden Coronakrise ist das regelmäßige Kommunizieren Anfang der 2020er-Jahre über Videokonferenzen immer wichtiger geworden. Viele Beschäftigte lernten damit umzugehen und haben darüber einen intensiven, aber durchaus menschlichen Austausch etabliert. Im Idealfall lernen es Führungskräfte, sich in diesen Onlinerunden empathisch und nahbar zu zeigen. Eine wichtige Voraussetzung dafür ist es, sich auch für private Themen der Mitarbeiter:innen und Kund:innen Zeit zu nehmen.

1.6.2 Abbau des Silodenkens

Durch die Digitalisierung und andere gesellschaftliche Entwicklungen verändern sich die Strukturen in den Unternehmen radikal. Diskussionen um New Work hat es vor und in der Coronazeit viele gegeben. Doch die flachen Hierarchien sind dennoch in den meisten Organisationen ausgeblieben.

Die Hamburger Management- und IT-Beratung Sopra Steria hat zusammen mit dem F.A.Z.-Institut im Frühjahr 2021 insgesamt 221 Fach- und Führungskräfte befragt, ob angesichts der New-Work-Debatte tatsächlich Hierarchien abgebaut und die Unternehmen neu organisiert worden sind. Dabei kam heraus, dass jedes dritte Unternehmen in den vergangenen zwei Jahren Hierarchien reduziert hat. Dies scheint wenig zu sein, bedenkt man, dass gleichzeitig 68 Prozent der Fach- und Führungskräfte an schnellere Entscheidungen durch flache Hierarchien glauben.

Laut der Studie wollen viele Vorgesetzte jedoch ihren Status in ihrem Bereich (Silo) beibehalten. So halten 40 Prozent der Befragten den Verzicht der Führungskräfte auf einen Hierarchieabbau für Egoismus. Sie glauben, dass diese lieber weiterhin ihre eigenen Karrierechancen aufrechterhalten wollen.[11] Damit blockieren viele Chef:innen eine Zusammenarbeit über Abteilungsgrenzen hinweg. Statt selbstständig zu agieren, müssen viele Angestellte auf Weisungen von oben warten. Das schränkt Innovationen und Kreativität in einer Organisation ein.

Wenn Unternehmen flache Hierarchien haben, funktioniert die Zusammenarbeit über Abteilungsgrenzen hinweg in der Regel besser, weil die einzelnen Silos (Abteilungen) nicht mehr als Hindernisse wahrgenommen werden.

1.6.3 Social Media veränderte Unternehmensstrukturen

Andere Möglichkeiten der hierarchiefreien Zusammenarbeit in Form einer Corporate-Influencer-Community zeichnen sich neuerdings ab. Der Anfang dafür ist frühzeitig durch die Organisationsgeschichte des Social-Media-Managements gelegt worden.

Wer in den Nullerjahren nach der Jahrtausendwende das Bloggen und Social Media für sich entdeckt hatte, verhielt sich revolutionär, wenn er oder sie auf den neuen Plattformen über fachliche Themen publiziert hat. In vielen Organisationen sind Social-Media-Aktivitäten anfangs verpönt und verboten worden. Mit Argusaugen sind Mitarbeitende beobachtet worden, die auf Facebook oder Twitter aktiv waren. Später entstanden Social-Media-Guidelines, in denen Mitarbeitende zur Vorsicht aufgefordert worden sind, damit diese nicht dem Unternehmen schadeten, indem sie zu viele Interna ausplauderten oder die Reputation gefährdeten. Dem gegenüber ist von den Chancen dieser neuen Form der persönlichen Kommunikation in frühen Guidelines nur sehr selten die Rede.

Einige Mitarbeitende nahmen in der Frühzeit der Digitalisierung eine prominente Rolle ein. Positiv sind Blogger:innen und Social-Media-Aktive dadurch nicht unbedingt in ihren Unternehmen aufgefallen. Viele Kolleg:innen und Vorgesetzte fragten sich stattdessen, warum sie das machten und über Arbeitsthemen öffentlich berichteten. Einige erhielten sogar Abmahnungen, wenn sie zu viel Zeit damit verbracht oder gar Internas veröffentlicht hatten. Letztlich sind die Social-Media-Profis in ihren Organisationen als Querdenkende gesehen worden. Sie galten als Selbstdarsteller:innen, die viel zu viel Zeit auf Social Media verbrachten und anscheinend nicht mit ihren regulären Aufgaben ausgelastet waren.

Mit der Unterstützung ihrer Vorgesetzten erhielten einige Digitale in den DAX-Unternehmen große Freiheiten, was ihre öffentliche Präsenz betraf. Hingegen sind andere Mitarbeiter:innen dazu aufgefordert worden, sich zurückhaltender zu geben. Digitale Hofnarren konnten jederzeit ihren Kopf verlieren. Als bekannte Blogger:innen nahmen sie beispielsweise eine Sonderrolle ein, standen faktisch außerhalb der Hierarchie, weil die über ihre eigenen Social-Media-Aktivitäten keine Rechenschaft ablegen mussten.

Das änderte sich erst mit den klaren Social-Media-Zuständigkeiten in den Unternehmen. Aus dem selbst befähigten Social-Media-Manager ist eine echte Berufsbezeichnung geworden, für die es eine Ausbildung gibt. Sie werden oftmals dem Marketing oder der Kommunikation zugeordnet und sind für die Content-Distribution in Social Media verantwortlich.

1.6.4 Corporate Influencer sind autark

Ganz anders stellt sich das in einem Corporate-Influencer-Programm dar, in dem zahlreiche Vertreter:innen unterschiedlicher Unternehmensbereiche versammelt sind. Im Unterschied zu den Social-Media-Managern sind die Botschafter:innen in der Regel nicht für die offiziellen Kanäle einer Organisation zuständig.

Corporate Influencer pflegen ihre eigenen persönlichen Accounts und verfügen eigenständig über ihre Social-Media-Kanäle. Zu diesem freiwilligen Engagement werden sie von ihrer Organisation sogar ermutigt. Dennoch gibt es natürlich Vorbehalte innerhalb mancher Organisationen gegenüber den Aktivitäten der Corporate Influencer. In einer ersten Version hieß der Untertitel diese Buches »Keine Angst vor vernetzten, selbstorganisierten Mitarbeiter:innen« – und das nicht ohne Grund, da diese Ängste im Unternehmensalltag in vielen Fachbereichen verbreitet sind. Mit den Netzwerken von autarken Corporate Influencern zu interagieren, ohne zu reglementieren, beschreibt die Königsdisziplin eines Corporate-Influencer-Programms.

Denn Corporate Influencer zahlen als Co-Creators mit ihren Inhalten nicht nur auf ihre jeweilige Personenmarke ein, sondern leisten auch einen Beitrag zur Wahrnehmung der Arbeitgebermarke. Die vielfältige fachliche Positionierung zahlt auf das Employer Branding eines Unternehmens ein und macht diese in ihrer Vielfalt sichtbarer. Jeder Corporate Influencer trägt mit den selbst veröffentlichten Inhalten zur Sichtbarkeit der Arbeitgebermarke bei und ist ein wichtiger Baustein in der Aufmerksamkeitsökonomie.

Wie wichtig dabei die Persönlichkeiten und deren Vielfalt sind, wird deutlich, wenn man das »Botschafter-Quartett« der Deutschen Telekom betrachtet. Auf 36 Spielkarten werden die Techniker:innen, Sportler:innen, Tüftler:innen, Helfer:innen und viele andere näher vorgestellt. Die Persönlichkeiten werden im Kartenspiel mit ihrem Foto, persönlichen Eigenschaften und Vorlieben in Szene gesetzt. Auf jeder einzelnen Karte wird deutlich, für welche Themen und Leidenschaften ein Corporate Influencer steht.[12]

Im Unterschied zu den Social-Media-Managern entscheiden die Corporate Influencer immer selbstständig darüber, was sie publizieren. Dafür haben sie die offizielle Unterstützung ihres Unternehmens und werden zudem von der Meinungsfreiheit in unserer Gesellschaft gestützt. In vielen Programmen gibt es 10 bis 20 Corporate Influencer, die aus verschiedenen Bereichen eines Unternehmens stammen und damit die Marke vielfältig repräsentieren.

Sie geben einen guten Einblick in die Unternehmenskultur, machen diese über ihren Content erlebbarer und transparenter. Das wirkt sich unmittelbar auf ein echtes, authentisches Employer Branding aus. Auf diese Weise tragen sie enorm zur Transparenz der gelebten Unternehmenskultur bei und transportieren die Werte ihres Unternehmens nach innen und außen.

2

ORGANISATION

Mit der zunehmenden Professionalisierung von Rollenbeschreibung wie dem »Social-Media-Manager« ging in den letzten Jahren auch die Professionalisierung im Umgang mit Corporate Influencern einher. Viel hängt dabei auch von den organisatorischen Rahmenbedingungen ab. Deshalb beginnen wir mit »Organisation«, auch wenn es bei den Corporate Influencern scheinbar doch in erster Linie um schillernde Persönlichkeiten geht, die im Rampenlicht der Öffentlichkeit für ihre Unternehmen stehen.

Wir sind überzeugt, dass die Organisation in gewisser Weise dazu bereit sein muss, Spannungen und Unklarheiten »auszuhalten«, die das Arbeiten in Netzwerken mit sich bringen. Sabine und Alexander Kluge beschreiben in *Graswurzelinitiativen im Unternehmen: Ohne Auftrag – mit Erfolg* vor allem eines: Erfolgsgeschichten von Menschen, die mit viel persönlicher Energie Veränderungen in ihren Organisationen vorangebracht haben. Doch unter welchen Rahmenbedingungen konnten diese Bottom-up-Initiativen wachsen und gedeihen?

Bisherige Organisationsmodelle weisen viele Probleme auf, weil sie oftmals nicht genügend auf die Bedürfnisse der einzelnen Mitarbeiter eingehen. Besonders durch die #NewWork-Bewegung wird der Mensch in den Mittelpunkt gestellt, was dazu führt, dass die Unzufriedenheit mit dem Status quo immer größer wird. Die Coronazeit mit dem einhergehenden Digitalisierungsschub wirkt dabei wie ein Brennglas auf diese Entwicklung. Organisationen sind nun räumlich stark aufgeteilt, und die Form der Zusammenarbeit wird immer digitaler.

Der Aufbau von Communitys bildet dabei eine sehr gute Möglichkeit, ergänzend zur Formalstruktur der Organisation ein sogenanntes Beschleuniger:innen-Netzwerk zu etablieren, um den einzelnen Mitarbeiter:innen mehr Verantwortung und Gestaltungsspielraum zu geben. Ziel ist es dabei, dass wir den strategischen Herausforderungen mit Communitys schneller, agiler und kreativer begegnen können. Corporate Influencern kommt dabei die Rolle zu, die »Early Adopter« dieser neuen Form der vernetzten Zusammenarbeit zu sein und damit Treiber für den Wandel der Organisation.

2.1 Wie Unternehmen ihre Arbeit organisieren

In der Kommunikation von Veränderungsprozessen hören wir vor allem immer ein Mantra: Wir müssen uns (neu) an den Gegebenheiten des Marktes ausrichten und deshalb unsere Formalorganisation verändern. Dies führt zu teilweise skurrilen Entwicklungen: Bei Großunternehmen wie der Telekom ist es zum Beispiel möglich, zwei große Unternehmensbereiche (»Sales & Service«) in Deutschland mit mehreren Tausend Mitarbeitenden erst zusammenzuführen, dann wieder auseinanderzureißen, um sie zwölf Jahre später wieder zusammenführen zu wollen.

Dies hat bei der Mitarbeiterschaft vor allem einen Effekt: Bestehende Arbeitsbeziehungen werden bewusst unterbrochen, um »neu zu sortieren«. Die Mitarbeiter:innen erleben Veränderungsprozesse als etwas, das man einfach nur aussitzen muss, weil die nächste Reorganisation schon wieder die Karten neu mischt. Der leider bereits verstorbene Prof. Kruse beschreibt in seinen acht ironisch überzeichneten Regeln für den totalen Stillstand in Unternehmen seine Lieblingsregel wie folgt: »Die Veränderungsgeschwindigkeit auf der Beschluss-Ebene sollte stets größer sein als auf der Umsetzungsebene.«[13]

Und doch passiert es immer noch tagtäglich in Deutschland: Durch neues Führungspersonal muss eine neue Strategie her, die sich auch in einer organisationalen Veränderung manifestiert. Die Reorganisation ist in den Köpfen und Herzen der Mitarbeitenden noch gar nicht angekommen, und schon werden wieder neue Kästchen gemalt.

Dass diese neuen Kästchen statt Geschäftsbereiche oder Abteilung jetzt Tribe, Squad oder Chapter heißen, ändert nur wenig am Grundproblem: Viele Mitarbeitende empfinden nach mehreren Umorganisationen keine Heimat mehr, und gut funktionierende Verantwortlichkeiten werden durch neu kreierte Schnittstellen ineffizient.

2.1.1 Stabile Strukturen statt agile Strukturen

Was die Mitarbeiter:innen brauchen, sind stabile Strukturen statt ständig wechselnde »agile« Strukturen. Der Glaube an den Königsweg der Agilität ist laut des Organisationsentwicklers Hans-Joachim Gergs eine bloße Illusion. Vielmehr sei es nötig, das Kerngeschäft zu stabilisieren und zu optimieren (»Exploit«) und gleichzeitig das bisherige Geschäftsmodell grundlegend zu hinterfragen (»Explore«). Das Konzept der Ambidextrie, das heißt das Denken und Handeln in Spannungsverhältnissen und Dualismen, ist von entscheidender Bedeutung für den zukünftigen Geschäftserfolg von Unternehmen.[14]

Wie kann also ein »sozialer Container« aussehen, um die nötige Stabilität zu schaffen, die wir im Unternehmenskontext als Basis brauchen? Communitys sind dazu der Schlüssel.

2.2 Communitys als Katalysatoren des Wandels

Was ist eine Community?

> Communitys bieten den Raum für professionelle, ***informelle*** Kommunikation und Zusammenarbeit.

Communitys basieren auf den drei Grundprinzipien Freiwilligkeit, persönliche Begegnung und dem Fortschritt im Inhalt:

1. **Freiwilligkeit** bedeutet, dass jede Beteiligung an der Community selbstbestimmt ist. Als Community Builder sprechen wir eine offene Einladung aus, die auch abgelehnt werden kann.
2. Persönliche **Begegnung** auf Augenhöhe: In Communitys entstehen Rahmenbedingungen, die Diskussionen auf Augenhöhe stattfinden lassen können. Community-Mitglieder bringen alle Fähigkeiten und Fertigkeiten mit ein.

3. **Fortschritt im Inhalt**: Jede Community braucht ein Thema, in dem sie sich fachlich austauschen und weiterentwickeln kann.

Doch einen Schritt zurück: Was sind eigentlich Communitys, wie kann im virtuellen Raum – während und auch nach Corona – Vertrauen aufgebaut werden und warum steht die Betonung des **Informellen** so im Vordergrund? Hier eine erste Annäherung:

> »Eine virtuelle Community ist [...] eine Unterart von sozialen Gruppen. [...] Grundlage und verbindendes Element ist eine gemeinsame Idee oder Ziel, das auf Basis von impliziten und expliziten Verhaltensregeln verfolgt wird. Die Interaktion wird durch ein oder mehrere technische Subsysteme unterstützt [...]. Virtuelle Communitys sind damit interdependente sozio-technische Systeme.«[15]

Dieser etwas technokratische Blick des frühen Winfried Ebner sollte unbedingt um die deutlich emotionaler Herangehensweise, wie sie Vivian Pein (Vorständin des Bundesverband Community Management e.V.) vertritt, ergänzt werden:

> »Das Wunder von Communitys liegt in der Eigendynamik, die entsteht, wenn die richtigen Mitglieder zusammenkommen. Voraussetzung dafür ist, dass es den Gastgeber:innen gelingt, die Motivation der Mitglieder richtig anzusprechen, sowie ein sicheres Umfeld für den Austausch zu schaffen. Dazu muss die Gruppe gemeinsam ein respektvolles Miteinander als Basis etablieren.«

Wenn dieser Rahmen geschaffen wird, dient dieser als »soziale Container« für den Aufbau des dualen Betriebssystems in Unternehmen, wie es Harvard-Professor John P. Kotter 2014 in *Accelerate – Strategischen Herausforderungen schnell, agil und kreativ begegnen* so treffend beschreibt.

Das »duale Betriebssystem« einer Organisation besteht aus zwei parallelen Systemen: der vom Management gesteuerten Hierarchie und dem Beschleunigungsnetzwerk. Um Letzteres aufzubauen, braucht es kaum zusätzliche Ressourcen. John Kotter empfiehlt, **5 bis 10 Prozent der Angestellten als Freiwillige** für die Mitarbeit in der Community zu gewinnen.

Um die Veränderungen nachhaltig zu etablieren, sind die Ergebnisse der Initiativen aus dem Netzwerk auch in den Prozessen und Systemen der Hierarchie zu verankern. Um dem entstehenden Gegenwind entgegenzuwirken, ist es erfolgskritisch, eine Führungskoalition für das Beschleunigungsnetzwerk zusammenzustellen.

> »In einem wirklich zuverlässigen [...] und vor allem schnellen Unternehmen ist das Netzwerk eng mit der traditionellen Struktur verflochten. [...] Es ist [...] über verschiedene Schnittstellen nahtlos mit der Hierarchie verbunden – insbesondere durch die Menschen, die Teil beider Systeme sind.«[16]

Die perfekte Form für Kotters Beschleuniger-Netzwerke sind Communitys.

Communitys sind die Organisationsform der Zukunft, da sie bestehende Linien-, Projekt- und agile Organisationen ergänzen und die nächste Reorganisation überstehen. Wertschöpfungsketten werden in Communitys immer wieder flexibel zusammengesetzt, je nach Bedarf auch mit externen Partnern.

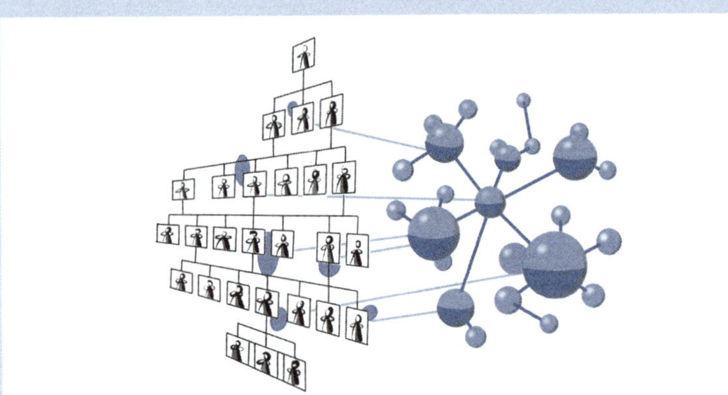

Abbildung 1: Hierarchie & Netzwerk/Community[17]

2.2.1 Motivation: Warum in Communitys aktiv werden?

Warum sollte eine Corporate-Influencer-Initiative nicht nur als Programm oder Weiterbildungsmaßnahme durchgeführt werden – sondern langfristig als Community verstanden werden? Wie funktionieren Communitys?

Um die Grundlagen zu verstehen, hilft ein Blick auf die möglichen Motivatoren von Community-Mitgliedern.[18]

- **Erwartung positiver Netzwerkeffekte**
  Die Mitglieder einer Community sind sich bewusst, dass sie mit ihrem eigenen Angebot für andere zum Erreichen einer kritischen Masse beitragen. Besonders beim Start einer Community ist es deshalb essenziell, dass die Mitglieder zunächst mehr »geben« als »nehmen«. Die Erwartung von Netzwerkeffekten anderer sollte zwar kommuniziert, aber nie bei einzelnen Mitgliedern persönlich eingefordert werden.

- **Reziprozitätseffekte**
  Wenn Mitglieder nicht mehr das Gefühl haben, dass ihre Beiträge durch die Community gewürdigt werden, ihnen also das Prinzip der Gegenleistung abhandenkommt, nimmt das Engagement signifikant ab. Frust entsteht, teilweise fühlen sich Mitglieder auf persönlicher Ebene missverstanden und ziehen sich zurück. Die Erfahrung zeigt, dass im Regelfall weniger als 10 Prozent der Mitglieder einer Community bereit sind, Beiträge selbst zu verfassen[19] – somit nehmen rund 90 Prozent der Mitglieder nur lesend teil. Als Begründung für dieses sogenannte Lurking werden unter anderem Unsicherheit, etwas Falsches zu sagen, Sorge um Anonymität oder Zeitmangel genannt. Lurker sind nicht als notwendiges Übel einer Community zu sehen, sondern sind ein zu erwartendes Element jeder Gemeinschaft.

  So würden bei einer großen Mitgliederzahl die Teilnehmer:innen in Kürze in einer Informationsflut ersticken, wenn jedes Mitglied täglich posten würde. Dennoch ist wichtig, immer wieder deutlich zu machen, dass die Community von Beitragenden und der gegenseitigen Inspiration lebt, die nur entstehen kann, wenn es auch Content-Schaffende gibt.

- **Altruismus**
  Als Altruismus wird eine selbstlose Denk- und Handlungsweise bezeichnet, die uneigennützig zum Beispiel in einer Community hilft. Die Open-Source-Bewegung zeigt eindrücklich, was auf Basis von Anreizen in Form von sozialer Anerkennung bei keiner finanziellen Kompensation möglich ist. Die Entwicklung eines Betriebssystems wie Linux wäre ohne ein Heer von uneigennützig handelnden Softwareentwickler:innen so nicht möglich gewesen. Auch Service- und Support-Communitys wie https://community.bahn.de, https://www.gutefrage.net oder https://telekomhilft.telekom.de/ wären ohne die selbstlose Hilfe von vielen Power-Usern, die täglich Fragen von anderen Community-Mitglieder beantworten, so nicht realisierbar.

- **Anerkennung durch die Community**
  Zentrales Motiv, um innerhalb einer Community aktiv zu werden, ist die soziale Anerkennung. Immer wieder durch die Community positives Feedback zu bekommen, Zuspruch und Unterstützung zu erhalten, das macht den Kern einer Community aus. Aus Sicht der Community-Manager geht es darum, dafür immer wieder analoge und digitale Plattformen und Möglichkeiten zu schaffen, um positives und gutes Verhalten der Community-Mitglieder zu würdigen. Das kann beispielsweise durch einen »Post der Woche«, den »Corporate Influencer des Monats« oder auch einfach durch die Nennung in einem Call geschehen.

- **Aufbau von Vertrauen und stabilen Arbeitsbeziehungen**
  Niklas Luhmann beschreibt schon 1968 Vertrauen als den »zentralen Mechanismus zur Reduktion von sozialer Komplexität«.[20] Vertrauen hilft uns, schneller und intuitiver handeln zu können. Bei einer Vertrauenserwartung setzt man sich über einen Informationsmangel wissentlich hinweg und stützt sich auf eigene Erfahrungen oder Erfahrungen Dritter – auch Reputation genannt. Communitys, in denen die Mitglieder aktiv und sichtbar werden, bieten den perfekten Nährboden dafür, dieses Vertrauen aufbauen und darauf stabile Arbeitsbeziehungen gedeihen zu lassen.

2.2.2 Prinzipien einer Community-basierten Arbeitsweise im dualen Betriebssystem

> »Das Arbeiten in Communitys ist ein Kennzeichen moderner Organisationen.«
>
> *Georg Pepping, HR Director T-Systems*

Oftmals werden wir gefragt, wie dieses Kennzeichen einer modernen Organisation denn vonstatten gehen soll und was daran »so anders« ist. Die Welt um uns herum verändert sich. Es wäre vermessen, den Erfolg von Corporate-Influencer-Initiativen alleine aus sich heraus zu begründen.

Was mit Schlagworten wie #NewWork, #AndersArbeiten oder #Agiles Arbeiten einhergeht, sind Arbeitsmethoden, Einstellungen und Grundannahmen, die mehr und mehr Einzug in unsere Arbeitswelt finden. Einige davon möchten wir im Folgenden darstellen. Sie sind vor allem durch John Kotter (2014) und Holzknecht (2020) inspiriert.

- **Veränderung durch die vielen**
  Um den strategischen Herausforderungen schnell, agil und kreativ begegnen zu können, braucht es »mehr Auge zum Sehen, mehr Gehirne zum Denken und mehr Beine zum Handeln«.[21] Es reicht nicht mehr, eine Taskforce mit den üblichen Auserwählten zu formieren, um handeln zu können. Die Veränderungen sollten so geschaltet sein, dass mehr Mitarbeiter:innen die Freiheit haben, Initiativen im Sinne der Organisation anzustoßen.

- **Freiwilliges »Wollen« statt »Müssen«**
  Jegliche Art von Führung kann nur dann gelingen, wenn man den Menschen, die von der Veränderung betroffen sind, die Möglichkeit gibt, wirklich aktiv den Wandel mitzugestalten. Nichts ist mächtiger und motivierender als die Strahlkraft, an einer wichtigen Sache mitwirken zu können. Die Teilnahme an einer Community ist freiwillig. Es steht jeder und jedem frei, auf Basis von Interessen, Leidenschaften und

Wünschen einen Beitrag für die Community zu leisten, ihr beizutreten, dabei zu bleiben oder die Community zu verlassen.

- **Authentizität: Antrieb aus Herz und Kopf**
  Menschen haben ein grundlegendes Bedürfnis nach Authentizität. Wenn wir sein können, wer wir sind, haben wir ein höheres Selbstbewusstsein, mehr Mut und können mit unseren Kolleg:innen besser zusammenarbeiten. Und: Wenn wir Menschen für eine Veränderung gewinnen können, dann reicht es nicht, einfach Zahlen runterzurattern, einen Business Case vorzustellen oder an die Logik einer Sache zu appellieren, denn:

  Zahlen werden von Menschen gemacht.

  Menschen wollen ihre persönlichen Geschichten erzählen, sie wollen gesehen und auch verstanden werden. Sie wollen, dass ihre Anstrengungen einem größeren Sinn und Zweck dienen, sie wollen Teil eines Ganzen sein – wie es Gerald Hüther so treffend zusammenfasst:

  > »Wir brauchen Gemeinschaften, deren Mitglieder einander einladen, ermutigen und inspirieren, über sich hinauszuwachsen.«[22]

- **Partnerschaft zwischen Hierarchie und Netzwerk – keine optimierte Hierarchie**
  Sehr häufig werden Communitys, die Bottom-up mit viel Energie entstehen lassen, als **Konkurrenz** für die bestehende Organisation gesehen, in der bestehende Aufgaben klar abgegrenzt und beschrieben sind.

  Umso wichtiger ist Kotters Ansatz[23], netzwerkbasierte Communitys und die Hierarchie als zwei Systeme zu verstehen, zwischen denen ein kontinuierlicher Austausch von Informationen und Aktivitäten stattfindet. Der Schlüssel zum Gelingen dieses Konzeptes sind die Menschen, die sich im Netzwerk engagieren und diese Ideen und Erfahrungen in ihre fachliche Rolle in der Hierarchie einbringen.

- **Offen und (teil-)öffentliches Arbeiten**
  John Stepper beschreibt als eines der fünf Elemente von Working Out Loud »Sich und seine Arbeit sichtbar machen« mit folgendem Imperativ:

> »Mache deine Arbeit sichtbar! Teile deine Arbeitsergebnisse – gerne auch Zwischenergebnisse – mit dem Team, der Organisation und der Welt.«[24]

Unser Arbeiten in Organisationen ist oft von Silo-Denken, Zurückhalten von Wissen und Arbeitsständen geprägt. Dieser Imperativ beschreibt genau das Gegenteil

Folgende vier Nutzen-Kategorien entstehen durch diese Arbeitsweise:[25]

1. **Sie werden sichtbarer:** Die eigene Arbeit sichtbarer zu machen, bringt Ihre Expertise zu einem breiteren Publikum und erhöht Ihre Reputation.
2. **Sie erhalten mehr nützliches Feedback:** Im Gegensatz zu »geschlossenen Systemen« wie zum Beispiel E-Mails, in denen die Frage an einen festen Adressatenkreis gerichtet ist, ermöglicht Social-Media-Feedback von Menschen, die Sie anders nicht erreicht hätten. So wird Ihre Arbeit besser.
3. **Sie werden effizienter:** Es ist nicht mehr nötig, einzelne Personen über Updates der eigenen Arbeit »abzuholen«, wenn diese im öffentlichen Raum bereits publiziert sind. Viele der Anfragen, die sich doppeln, können mit einem einfachen Link auf die öffentlich zugänglichen Informationen erledigt werden.
4. **Sie haben mehr Spaß bei der Arbeit:** Je mehr der eigenen Arbeit in den öffentlichen Raum verlegt wird, desto wahrscheinlicher wird es, dass diese Arbeit auch mehr Wertschätzung erfährt. So wird man zufriedener mit seiner Arbeit. Viele berichten, dass sie dadurch deutlich mehr Spaß bei der Arbeit haben.

Neben der persönlichen Nutzen-Ebene entstehen natürlich auch positive Effekte auf Team- und Organisationsebene, die Isabel De Clercq in

#VernetztArbeiten so treffend in den Schlüsselkonzepten zusammengefasst:[26]

Das **Teilen von Wissen** ist in die DNA von Organisationen übergegangen,

- die bereit sind, sich zu einer flexiblen Netzwerkorganisation weiterzuentwickeln – einem internen Ökosystem, in dem Communitys parallel zur Hierarchie existieren;[27]
- in der Menschen ihr wahres Ich zur Arbeit bringen können;
- die Arbeitsbeziehungen kultivieren, die auf Vertrauen basieren;
- die das gemeinsame Verständnis darüber haben, dass das Teilen von Wissen Zeit spart und es so wertgeschätzt wird;
- die Mitarbeiter:innen unterstützen und ausbilden, selbst zum Autor zu werden und für sich und die Organisation konzentrierte Netzwerke ohne unnötiges Rauschen aufzubauen.

Oder kurz in einem Satz zusammengefasst:

> »Ein Knowledge-Worker schadet dem Unternehmen, wenn er sein Wissen nicht teilt.«[28]

2.2.3 Leadership statt Management: Corporate Influencer als Querdenker:innen im Unternehmen

Mitarbeitende, die für ihr Unternehmen in Social Media publizieren, sind nicht nur Influencer nach außen, sondern haben auch intern sehr oft ein exzellentes und weites Netzwerk. Mithilfe ihrer Vorstöße in Intranet und Initiativen sorgen sie für eine Dynamik, für Innovationssprünge und eine höhere Arbeitgeberattraktivität. Warum? Weil sie andere Mitarbeitende dazu motivieren, es ihnen gleichzutun und selbst aktiv zu werden. Corporate Influencer stiften Mut, denken weiter und anders und gestalten so die Zukunft – auch des Unternehmens. Das muss man nicht nur können, sondern zunächst auch wollen.

Entscheidend dabei ist der »Ressonanzboden«, auf den die einzelne Aktivität des Corporate Influencers fällt. Durch eine vitale Community ist der Nährboden besser und damit die Wahrscheinlichkeit größer, dass Ideen plötzlich Wellenbewegungen auslösen und in diesem »Beschleuniger-Netzwerk« Kräfte entstehen, denen nur schwer zu widerstehen ist. Derek Sivers fasst die wichtige Rolle des »First Followers« im TED Talk »First Follower: Leadership Lessons from a Dancing Guy« sehr gut zusammen:[29]

1. Ein Leader braucht den Mut, alleine zu stehen und lächerlich auszusehen.
2. Der First Follower hat eine entscheidende Rolle: Er zeigt öffentlich allen, wie man folgt.
3. Der First Follower verwandelt den komischen Kauz in einen Leader.

Weiterführende Info:
Leadership Lessons from a Dancing Guy

Das knapp dreiminütige Video ist wirklich sehenswert, um zentrale Lektionen für den Aufbau einer Community zu verstehen. Denn es ist in einer Community gar nicht so wichtig, immer vorauszugehen und zu innovieren. Manchmal hilft es viel mehr, kleinen Ideen von Community-Mitgliedern mehr Resonanz und Wirksamkeit zu geben, indem man die Rolle des »First Followers« als Corporate Influencer übernimmt.

2.3 Einen guten Rahmen bereiten – mithilfe von Guidelines, Recht und Informationstechnologien

Die meisten Social-Media-Akteure sind keine Jurist:innen, kennen sich nicht mit rechtlichen Fragestellungen in Social Media aus. Damit Corporate Influencer dennoch ihr Expertenwissen in der Social-Media-Welt selbstständig mit anderen Menschen teilen können, benötigen sie eine gewisse Orientierungshilfe.

Oft gibt es dazu in Unternehmen bereits eine Social-Media-Guideline, die sich als Grundlage durchaus nehmen und für Corporate Influencer ausbauen lässt. Allerdings ist diese häufig sehr veraltet und nicht darauf ausgerichtet, aktive Social-Media-Nutzer:innen beim Posten zu unterstützen. Vor allem der Bezug zwischen Postings und dem Unternehmen wird durch diese Guidelines meist nicht abgedeckt.

Der Fokus vieler Richtlinien liegt darauf, eine Social-Media-Kommunikation zu erlauben, aber gleichzeitig die Mitarbeitenden für rechtliche Fragen zu sensibilisieren und Fehler vermeiden zu helfen. Ein Zugangsverbot zu Social Media während der Arbeitszeit gibt es nur noch in wenigen Unternehmen. Dennoch wird Social Media – vor allen von IT-Verantwortlichen – immer noch als Unsicherheitsfaktor wahrgenommen. Deshalb hat eine Social-Media-Policy bislang eher darauf abgezielt, die Mitarbeiter:innen zur Vorsicht zu mahnen und sie vor Fehlern zu bewahren.

Viele Guidelines werden nur einmal als quasi-rechtliches Dokument erstellt, den Mitarbeiter:innen als zehnseitiges Papier zur Verfügung gestellt und danach dem Vergessen anheimgegeben. Eine gute Übersicht über solche etwas starren Guidelines gibt Christian Buggisch in seinem kuratorischen Blogbeitrag.[30] Wenn eine Guideline ihren Zweck wirklich erfüllen soll, muss sie jedoch regelmäßig aktualisiert und intern zumindest neuen Mitarbeiter:innen beim Onboarding präsentiert und mit ihnen diskutiert werden. Denn Papier ist geduldig. Die Inhalte einer Guideline sollten in der Unternehmenskultur verankert sein, damit die darin formulierten Werte auch wirklich gelebt werden. Ist eine Policy sehr umfangreich, wird sie jedoch nur wenige Lesende erreichen und kaum Wirkung entfalten.

InfoBox:
Übersicht von deutschsprachigen Social-Media-Guidelines

Viele Unternehmen haben aber große Erfolge erzielt, indem sie die Social-Media-Guidelines als Comics oder in toller grafischer Aufbereitung veröffentlicht haben. In diesen Fällen konnte durchaus eine gesteigerte Wahrnehmung bei den Beteiligten erreicht werden.

2.3.1 Die neue Social-Media-Guideline für Corporate Influencer

Anders verhält es sich mit einer Corporate-Influencer-Guideline, die zusätzlich zu Schulungen, Trainings und Workshops von immer mehr Unternehmen dazu eingesetzt wird, den Corporate Influencern zu einem souveränen Umgang mit Social Media zu verhelfen. In gewisser Weise stellt sie die Basis einer unausgesprochenen – oder auch vereinbarten – Vertragsbeziehung dar, die den Mitarbeiter:innen nicht nur die Erlaubnis gibt, frei zu kommunizieren, sondern ihnen sogar eine gewisse »Kommunikationsprokura« erteilt. Sie verdeutlicht zudem, was sich der Arbeitgeber wünscht, und berücksichtigt die Interessen der Beschäftigten.

Im Unterschied zu einer allgemeinen Social-Media-Guideline besteht ihr Zweck sogar dezidiert darin, die Corporate Influencer zu umfangreichen Aktivitäten in der digitalen Welt anzuregen und sie dabei rechtlich zu schützen. Die Richtlinie befreit die Mitarbeitenden im besten Fall von einer Schere im Kopf. Viele Beschäftigte verzichten lieber darauf, über unternehmensnahe und fachliche Themen zu publizieren, weil sie sich nicht sicher sind, ob sie darüber berichten dürfen. Es fehlt an Eindeutigkeit. Viele wissen gar nicht, ob sie sich auf veröffentliche Texte, Bilder und Videos beziehen oder diese sogar nutzen dürfen. Eine Guideline und Schulungen können dazu ermutigen. Statt auf eine Vermeidungsstrategie für den Einzelnen zu setzen, gilt es, mehr im Social-Media-Bereich zu experimentieren und sich frei zu fühlen, dieses auch während der Arbeitszeit zu tun.

Allerdings muss weiterhin klar sein, dass es bestimmte Regeln und Rollen im Unternehmenskontext gibt. Darüber hinaus ist das Internet kein rechtsfreier Raum. Für Corporate Influencer gelten wie für alle anderen Urheberrechte, Persönlichkeitsrechte, Wettbewerbsregeln, Kennzeichnungspflichten, Haftungsregeln und Datenschutzregeln. Zudem gelten jeweils auch die Regelungen aus den allgemeinen Geschäftsbedingungen der jeweiligen Plattform. Diese werden bei der Erstellung eines Profils erstmals akzeptiert und gegebenenfalls von den Plattformen angepasst.

Wenn Corporate Influencer etwas in den Social Networks posten, gilt das grundsätzlich als Verhalten zugunsten des eigenen Arbeitgebers, weil es indirekt der Absatzförderung dient. Schließlich greifen Corporate Influencer mit ihren Beiträgen zugunsten ihres Arbeitgebers in den Wettbewerb ein. Dadurch können sich ihre Arbeitgeber beispielsweise Reputationsvorteile verschaffen und ihre Angebote besser vermarkten. Selbst Hinweise auf dem persönlichen Social-Media-Profil, die verdeutlichen sollen, dass es sich bei den LinkedIn- oder Facebook-Beiträgen um private Ansichten handele, ändern daran in den meisten Fällen nichts. Der kommerzielle Zweck wird vom Gesetzgeber oftmals unterstellt.

Wenn Mitarbeiter:innen als Corporate Influencer ausgesucht und ausgebildet worden sind und eine Social-Media-Plattform geschäftlich nutzen, gilt für sie die sogenannte Impressumspflicht. Laut § 5 TMG[31] muss der Corporate Influencer dann etwa in einem LinkedIn-Profil seinen vollständigen Namen, die Postadresse und die E-Mail-Adresse oder Telefonnummer hinterlegen. Alternativ können Corporate Influencer auch in ihrem Social-Media-Profil auf das Impressum ihres Unternehmens verlinken. Auf LinkedIn geht das am besten über die Infobox und die Kontaktdaten. Arbeitgeber haften dann in der Regel für das Nutzerprofil ihrer Corporate Influencer. Hier gilt es in der Praxis im jeweiligen Unternehmen genau abzuwägen, wer welche Haftung übernehmen soll, und dies klar zu vereinbaren.

Fehlt so etwas, ist das zwar nicht im Sinne einer Geschäftsunterbrechung, aber kann laut Stefan Schicker, der ein Rechtsanwalt für Digital Business ist und viele Corporate-Influencer-Programme betreut, Folgen haben: »Ein vollständig oder teilweise fehlendes Impressum kann ein Ordnungsgeld oder ein Unterlassungsverfahren nach sich ziehen. Ob sich das an das Unternehmen richtet oder an den Einzelnen, das hängt davon ab, wie das Profil gestaltet ist. Das ist ärgerlich, aber im Normalfall finanziell für Unternehmen nicht ruinös. Daher sollte vorher geklärt werden, wie man mit einem solchen Fall oder auch sonstigen Abmahnungen et cetera umgeht und wer sich darum kümmert.«

Die Wahrscheinlichkeit eines Abmahnrisikos ist eher gering, meint der Rechtsanwalt Dr. Carsten Ulbricht: »Ich rate aber unbedingt davon ab, bei den Corporate Influencern das Impressum des Unternehmens zu verwenden. Zum einen, weil die Influencer auch das nachvollziehbare Verständnis haben, dass das jeweilige LinkedIn- oder Xing-Profil ihre eigene Präsenz ist und bleibt. Zum zweiten, weil das Unternehmen als Verantwortlicher im Impressum dann auch rechtlich voll für alles verantwortlich gemacht werden könnte, was der Corporate Influencer so postet.« Beide Rechtsanwälte raten zu einem Muster-Impressum, das Unternehmen ihren Corporate Influencern zur Verfügung stellen können. Diese können dann selbst darüber entscheiden, ob sie es nutzen oder nicht.

Wie man an diesen unterschiedlichen Meinungen der beiden Experten sehen kann, gibt es in der Praxis noch viele ungeklärte Themen. Gerade deshalb ist es wichtig, klare Vereinbarungen als Team zwischen Unternehmen und Corporate Influencern zu vereinbaren und diese fortlaufend anzupassen.

2.3.2 Guidelines schützen das Unternehmen

Manche Unternehmen haben die Befürchtung, dass die Reputation der eigenen Marke durch unbedachte Social-Media-Aktivitäten der Corporate Influencer gefährdet werden könnte. Im Gegensatz zu allen anderen Mitarbeiter:innen erhalten die Corporate Influencer jedoch Schulungen und Unterstützungen, um genau so etwas zu vermeiden. Wer sich freiwillig für die Position eines Corporate Influencers entscheidet, wird sich gewiss weniger negativ über seine Marke äußern und sich loyal gegenüber seinem Unternehmen zeigen.

Stefan Schicker, der CEO von SKW Schwarz, empfiehlt Unternehmen die Etablierung interner, unternehmensspezifischer Social-Media-Guidelines für alle Mitarbeitenden und natürlich auch für Corporate Influencer. Denn darüber können diese den kontrollierten Umgang mit einzelnen Social-Media-Plattformen unterstützen und gleichzeitig das Bewusstsein der Mitarbeiter:innen für mögliche Haftungsrisiken sensibilisieren.

Zu den wichtigsten Standards in den Social-Media-Guidelines zählen laut Schicker folgende Punkte:

- Regelungen zur Nutzung der sozialen Medien am Arbeitsplatz,
- rechtliche Hinweise auf gesetzliche Pflichten und Folgen rechtswidriger Pflichtverstöße,
- Klärung des Umgangs mit Vorwürfen von Dritten,
- allgemeine Kommunikationsanweisungen zum rechtmäßigen Umgang mit Kolleg:innen, Kund:innen und Wettbewerbern.

Zudem sollten die Corporate Influencer auf eigenständiges werbliches Posten lieber verzichten, weil dieses der Kennzeichnungspflicht unterliegt. Journalistische Beiträge sind hingegen unkritisch, wenn die Mitarbeiter:innen eines Unternehmens als solche erkennbar sind. Der kommerzielle Charakter muss deutlich gemacht werden.

So empfiehlt Schicker bei der Content Creation in Social Media Folgendes: »Werbung muss von redaktionellem Inhalt klar getrennt sein. Wenn ein (Corporate) Influencer eine Gegenleistung für seine Posts erhält, ist man meist im Bereich der kennzeichnungspflichtigen Werbung. Gegenleistung ist dabei weit zu verstehen, sie kann Geld, Vergünstigungen oder die Überlassung von Produkten sein. Schwierig wird es dann, wenn jemand auf seinem persönlichen Account manchmal private Nachrichten schreibt und dann wieder etwas eher Werbliches.«

Auf LinkedIn ergibt sich die Unternehmenszugehörigkeit oft bereits aus der Kennzeichnung unter dem Profilnamen des Corporate Influencers und einer Vorstellung in der Infobox. Auf solchen Plattformen ist dann automatisch bei jedem Beitrag transparent, wer der Arbeitgeber ist.

Besonders spannend ist folgende Empfehlung des Rechtsanwalts: »Sind Corporate Influencer für das Unternehmen tätig, handelt es sich regelmäßig um Arbeitszeit. […] Vor allem müssen hier die Vorgaben zur Höchstarbeitszeit und zu Ruhezeiten eingehalten werden.« Das gilt auch für Social Media, selbst wenn die Akteure freiwillig aktiv sind. Insofern empfiehlt es sich, den Corporate Influencern für ihre Aktivitäten freie Zeit während der Arbeit einzuräumen und keine darüber hinausgehenden Erwartungen zu haben.

Eine Organisation sollte Corporate Influencern über eine entsprechende Guideline eine gewisse Rechtssicherheit geben und sie zu Social-Media-Aktivitäten ermutigen. Eine Corporate-Influencer-Guideline kann …

- Mitarbeiter:innen im Umgang mit sozialen Medien befähigen,
- Krisensituationen vermeiden helfen,
- rechtlichen Problemen vorbeugen,
- konkrete Handlungsanweisungen geben,
- mit vielen Beispielen Dos and Don'ts zur Verfügung stellen,
- einen Überblick über die wichtigsten rechtlichen Themen geben,
- zeigen, wie man sein Profil rechtssicher macht,
- zeigen, was ein zu werbliches Posting wäre,
- Hinweise für das persönliche Handeln geben,
- Tipps und Tricks für den persönlichen Erfolg auf einzelnen Plattformen geben.

Eine Corporate-Influencer-Guideline sollte immer auf die Bedürfnisse der internen Stakeholder eingehen. Aus diesem Grunde sollte sie deutlich machen, dass sie die Belange der IT-Sicherheit, der Compliance, des Betriebsrats, der Geschäftsführung et cetera berücksichtigt. Sie muss kulturell verankert und gelebt werden, damit sie wirklich funktioniert.

2.3.3 Eine Guideline sollte immer weiterentwickelt werden

Deshalb ist eine Corporate-Influencer-Guideline nie ein fertiges Dokument. Im Laufe eines Corporate-Influencer-Projektes verändern sich die Bedürfnisse, die in ihr abgebildet werden müssen. Idealerweise präsentieren Sie das Dokument Ihren Corporate Influencern und arbeiten deren Feedback ein. Wenn Sie das im Laufe des Corporate-Influencer-Programms auch mit neuen Corporate Influencern machen, erhalten Sie immer wieder kreativen Input, der für alle Beteiligten hilfreich sein kann.

Es ist nicht empfehlenswert, die Guidelines anderer Unternehmen einfach zu kopieren. Einerseits geht es immer auch um die richtige Tonalität des Textes, zum anderen wissen Sie nicht, welche Ziele andere Guidelines verfolgen und welche weiteren Unterlagen es in den fremden Organisationen gibt. Je besser Sie Ihre Kultur in dem Papier spiegeln, desto eher wird es auch angenommen. Am besten ist es in der Praxis meist, wenn die Texte zusammen mit den Corporate Influencern entwickelt werden.

Natürlich ergibt es keinen Sinn, alle rechtlichen Fragestellungen und Schulungsunterlagen in einem singulären Dokument abzubilden. Manche Themen lassen sich in der Guideline nur anteasern. Arbeiten Sie besser mit externen Verweisen (zum Beispiel Links ins Social Intranet), damit die Corporate-Influencer-Guideline nicht zu umfangreich wird und damit lesenswert bleibt.

Je nach visueller Aufbereitung der Richtlinien empfiehlt sich eine Textlänge von maximal 10 bis 15 Seiten – je kürzer, desto besser. Das erhöht die Akzeptanz des Papiers innerhalb Ihres Unternehmens. Sollte es bereits eine Social-Media-Guideline geben, die aktuell ist, können Sie einfach direkt darauf verweisen und die wichtigsten Punkte für Corporate Influencer in einer eigenen kurzen Fassung festhalten.

Wenn jemand Probleme in der digitalen Öffentlichkeit hat, braucht er oder sie klare Ansprechpartner:innen und Training. Deshalb sind Hinweise für diese Personen wichtig. Wer hilft diesen, wenn sie online kritisiert werden oder wenn sie konkrete Fragen zu einzelnen Plattformen haben? Benennen Sie Ihr verantwortliches Corporate-Influencer-Team und stellen Sie deren Aufgaben in aller Kürze vor.

Nicht jedes Thema ist für die fachliche Social-Media-Kommunikation geeignet. Wie gehen Sie mit Tendenzthemen wie Religion, Sexualität, Parteipolitik, Tierschutz et cetera um? Es gilt hierzulande die Meinungsfreiheit, zumal die Corporate Influencer ihre eigenen Profile pflegen. Dennoch können Sie einen Hinweis auf die Werte ihres Unternehmens geben und darauf verweisen, was Sie für wünschenswert erachten. Diese Klarheit kann Sie bei der Auswahl der Corporate Influencer unterstützen.

In gewisser Weise ist die Corporate-Influencer-Guideline eine Geschäftsgrundlage für deren Tätigkeit als Botschafter:innen. Wer sich daran orientiert, ist für die Aufgabe geeignet. Das kann sich auch auf einzelne Plattformen wie LinkedIn und Xing beziehen. Als Korsett zur Zensur sollte es dennoch nicht missverstanden werden.

Corporate Influencer erhalten von ihrem Arbeitgeber viele Leistungen, die es ihnen ermöglichen, in Social Media erfolgreicher zu agieren.

Es gibt dafür zahlreiche Schulungen und Coachings, die auf die Expertise der Mitarbeiter:innen einzahlen. Im Gegenzug für diese Förderung darf ein Unternehmen auch eine gewisse Erwartungshaltung an ihre Corporate Influencer artikulieren. Falls jemand sich nicht an den Guidelines orientiert und nur wenig auf den ausgewählten Kanälen aktiv ist, ergibt es keinen Sinn, diese Person weiterhin im Corporate-Influencer-Team zu halten.

2.3.4 Die Guideline als Kommunikationstool nutzen

Wenn Sie die Corporate-Influencer-Guideline erstellt haben, müssen Sie das Paper intern vermarkten. Das Versenden per E-Mail oder ein Platz im Social Intranet reicht dazu nicht aus. Dort veraltet die Guideline schnell, ohne wirklich wahrgenommen und gelebt zu werden. Sie sollten die einzelnen Inhalte der Guideline bei unterschiedlichen Anlässen vorstellen und mit Leben füllen. Präsentieren Sie die Guideline als Ergänzung zu einer rechtlichen Schulung.

Verweisen Sie nach Trainings darauf, dass es ganz praktische Hilfestellungen für die Corporate Influencer in der Guideline gibt. Selbst Videos oder Webinare können helfen, die Inhalte einer Guideline nachvollziehbar zu machen. Denken Sie über ein internes Content-Marketing für die Botschaften der Corporate-Influencer-Guideline nach.

Corporate Influencer benötigen einen klaren organisatorischen und rechtlichen Rahmen, in dem sie sich in dieser Rolle bewegen, damit keine Missverständnisse entstehen. Aus diesem Grunde ist es wichtig, die Mitarbeitenden über ihre Rechte und Pflichten aufzuklären.

2.3.5 Verträge mit Corporate Influencern

Corporate Influencer sind während der Arbeitszeit auf Social Media aktiv und handeln im Prinzip im Auftrag ihres Arbeitgebers. Dennoch ist es sinnvoll, in einer Guideline darauf hinzuweisen, dass die Accounts den

Corporate Influencern und nicht dem Unternehmen gehören. In manchen Fällen kann sogar ein zusätzlicher Vertrag sinnvoll sein.

Wenn ein Corporate Influencer sich als Personal Brand einen Namen gemacht hat oder bereits vorher als solcher bekannt war, sollte ein Unternehmen über eine vertragliche Regelung nachdenken – zum Beispiel im Rahmen einer Nebentätigkeit. Als Co-Creator können Instagrammer, Blogger und YouTuber so erfolgreich sein, dass sie darüber auch auf ihren Social-Media-Kanälen über Werbung oder Abonnements zusätzliche Einnahmen generieren. Wem gehören diese? Ist das über das Gehalt abgegolten? Oder können Corporate Influencer diese Einnahmen als »Sidepreneur« unabhängig von ihrem festen Einkommen erwirtschaften?

Stefan Scheller ist Gründer des HR-Praxis-Portals Persoblogger, in dem er sich seit vielen Jahren mit den Themen Personalmarketing, Recruiting, Employer Branding sowie aktuellen HR-Trends auseinandersetzt. Gleichzeitig ist er siebenfacher Buchautor, HR-Manager und Corporate Influencer bei der DATEV eG in Nürnberg.

InfoBox:

Praxisbeispiel Stefan Scheller auf Persoblogger

Sich selbst bezeichnet der Blogger als »Co-Creator auf Augenhöhe«. So definiert er die Beziehung zu seinem Arbeitgeber. Rechtlich hat er seine Rolle als Creator von der seiner Anstellung getrennt, obwohl es Synergien zwischen beiden gibt. Schließlich erhält er Anfragen als Speaker und spricht dabei dann auch über die DATEV. Zudem trägt er mit seinen Recherchen und Analysen zur Weiterbildung innerhalb der DATEV bei. Durch eine vertragliche Regelung mit seinem Arbeitgeber kann er selbst Werbeeinnahmen erzielen und diese behalten, ohne dass es Compliance-Probleme gibt.

Im Normalfall ist eine solche Regelung nicht unbedingt notwendig. Allerdings sollten Sie immer darauf achten, dass die neuen Aufgaben eines Corporate Influencer auch zu dem jeweiligen Arbeitsvertrag eines Beschäftigten passen. Dort werden in der Regel die einzelnen Aufgabenfelder eines Mitarbeitenden definiert. Sollte die von ihm/ihr erwartete Content

Creation darüber hinausgehen, ist es mitunter sinnvoll, den Arbeitsvertrag anzupassen und um die neuen Aufgabenfelder zu erweitern.

2.3.6 Rechtliche Schulung der Corporate Influencer

Neben dem Aufbau einer Corporate-Influencer-Guideline sollten alle Corporate Influencer eine rechtliche Schulung von einem Juristen erhalten, in der die einzelnen rechtlichen Felder der ausgearbeiteten Corporate-Influencer-Guideline und bestehenden rechtlichen Rahmenbedingungen ausgeführt werden. Die Corporate Influencer erhalten dadurch die Chance, sich von einem rechtlichen Beistand beraten zu lassen, und fühlen sich dadurch besser gewappnet. Zudem signalisieren Sie damit den internen Bereichen Compliance, Datenschutz und der Arbeitnehmervertretung deutlich, dass sie deren Belange ernst nehmen. Für die interne Kommunikation und Akzeptanz ist diese politische Ebene sehr bedeutsam.

Durch den Aufbau einer Social-Media-Guideline sowie der rechtlichen Schulungen erhalten Corporate Influencer eine große Handlungssicherheit. Dadurch können bei ihnen Ängste und die Schere im Kopf abgebaut werden. Sie verlieren die Angst davor, etwas Falsches zu veröffentlichen, und setzen mehr Vertrauen in ihr eigenes Unternehmen, was sie darin bestärkt, im öffentlichen Raum sichtbar zu werden. Als Mitarbeiter:innen übernehmen sie durch die neuen Aufgaben keineswegs die Rolle von Pressesprecher:innen und müssen deshalb auch nicht auf journalistische Anfragen reagieren. Corporate Influencer sind jedoch eine Art Sonar, die in ihren sozialen Netzwerken auch kritische Beiträge erkennen und diese schnell mit den jeweiligen Fachexperten, zum Beispiel Pressesprecher:innen, teilen können.

Ein Corporate-Influencer-Programm gibt dem Einzelnen die »Kommunikationsprokura« und erleichtert das eigenverantwortliche Posten und Kommentieren in Social Media. Schließlich sind Corporate Influencer die neuen Gesichter der Organisation.

Vier besonders wichtige Punkte von Stefan Schicker

Wer ist aus rechtlicher Sicht Corporate Influencer?

Dies kann einerseits vom Unternehmen bestimmt werden, oder Mitarbeitende können sich im Rahmen eines Corporate-Influencer-Programmes melden. Wichtig ist dabei auch zu wissen, dass alle Mitarbeitenden grundsätzlich Corporate Influencer sein können, wenn sie auf ihren Kanälen über das Unternehmen posten. Daher betrifft das Thema Corporate Influencer mehr oder weniger alle Unternehmen in unterschiedlicher Intensität.

Was fällt unter die Kennzeichnungspflicht?

In den meisten Fällen handeln Corporate Influencer, die auch im Rahmen eines Corporate-Influencer-Programms im Unternehmen aktiv sind, mit geschäftlichem Zweck. Dies gilt auch beim Antworten oder Wiederholen von Posts. Daher muss eine Kennzeichnung erfolgen. Wie dies genau geschieht, sollte vom Unternehmen als Best Practice pro Plattform vorgestellt werden; ebenso welchen Inhalt das Impressum hat und ob eine geschäftliche oder private Adresse angegeben werden soll.

Welche Bilder oder Texte dürfen Corporate Influencer posten, Stichwort »Urheberrecht«?

Grundsätzlich gilt: Die meisten Texte, Videos und Bilder unterliegen dem Urheberrecht. Wenn also die Fotos oder Texte nicht von den Influencern selbst gemacht wurden, ist Vorsicht geboten, vor allem wenn andere Personen abgebildet sind. Was hat der oder die Urheber:in erlaubt? Darf man das Werk nutzen, bearbeiten und verändern? Eine gute Praxis für Unternehmen ist es, einen Text- und/oder Bilderpool zu erarbeiten, der für bestimmte Nutzungen freigegeben ist. Mit genauen Regeln, zum Beispiel auf welchen Plattformen die Fotos verwendet werden dürfen, kann Rechtssicherheit geschaffen und ein Corporate Influencer zum Posten animiert werden.

Was kann passieren, wenn mal etwas schiefgeht?

Wir haben die Erfahrung gemacht, dass Corporate Influencer, wenn sie Basisschulungen, vor allem im Bereich Recht, erhalten, ein sehr gutes »Bauchgefühl« dafür entwickeln, was richtig und falsch ist. Daher können in der Praxis sehr viele Fehler und Frust vermieden werden. Wenn doch etwas gepostet wird und sich ein:e Dritte:r in seinen Rechten verletzt fühlt, wird oft eine Abmahnung verschickt. Dies ist eine Aufforderung zur Unterlassung der rechtsverletzenden Handlung und beinhaltet oft auch Schadensersatz, zumindest in Form der eingeschalteten Rechtsanwält:innen. Das ist zwar kein »Beinbruch«, kann aber dennoch erhebliche Kosten nach sich ziehen. Daneben gibt es noch Klagen und vor allem einstweilige Verfügungsverfahren, die ebenfalls genutzt werden können, eine rechtsverletzende Handlung einzustellen.

LinkedIn-Profil von Stefan Schicker

2.3.7 Informationstechnologien als Enabler nutzen

Neben den rechtlichen Aspekten haben natürlich die genutzten Informationstechnologien für den Aufbau einer Corporate-Influencer-Community eine wichtige Enabler-Funktion. Harald Schirmer (Continental) bringt es so schön einfach auf den Punkt :

> »Ohne Enterprise Social Network gibt es keine digitale Transformation im Unternehmen.«[32]

Brauchen wir zuerst die »richtige« Kultur, die das Teilen von Informationen ermöglicht, oder reicht uns ein Stück Software mit der Maxime »Jede:r ist Autor:in«, um die Kultur im Unternehmen zu verändern? Hier wird oft nach Henne oder Ei gefragt – in der Antwort liegt der Kern der kulturellen und digitalen Transformation von Unternehmen, an der Corporate Influencer mit der hohen Wirkung ins Unternehmen hinein einen sehr hohen Anteil haben können. Ohne digitale Infrastruktur für Vernetzung im Unternehmen gibt es keine Möglichkeit, sich digital intern zu vernetzen. Punkt. Aber eine Erhöhung der internen Vernetzungsdichte ist essenziell, um den steigenden Anforderungen des sich immer schneller drehenden Umfelds (Kundenanforderungen, Stakeholder-Interessen) gerecht zu werden.

Interne soziale Netzwerke, sogenannte Enterprise Social Networks (kurz ESN), haben in den letzten Jahren die recht starren, auf »Einbahnstraßenkommunikation« ausgerichteten Intranets ergänzt oder sogar abgelöst. Ein ESN hingegen ist eine Form der Social-Network-Sites wie zum Beispiel Facebook oder LinkedIn. Der Fokus der Anwendung innerhalb der Organisation liegt dabei auf Wissensmanagement, Zusammenarbeit und Mitarbeiterbeteiligung.

So sind Enterprise Social Networks der Nährboden für die Entstehung von Bottom-up-Initiativen aus der Mitte der Mitarbeiterschaft.[33] Enterprise Social Networks sind ein, für manche Organisationen sogar **der Ort**, um ...

- zu verfolgen, was im Unternehmen passiert,
- Informationen zu teilen,
- einfach und schnell Feedback zu erhalten,
- effizient über Silos und Hierarchien hinweg zusammenzuarbeiten,
- in diesem Netzwerk mehr erfolgreiche Innovationen, Produkte und Services zu entwickeln.

In persönlichen Gesprächen, vor allem mit Topführungskräften, wird immer wieder die Frage nach dem persönlichen Nutzen eines Enterprise Social Networks gestellt. Hier eine Auswahl persönlicher Antworten von Führungskräften, die Harald Schirmer auf seinem Blog zusammengestellt hat:[34]

- Führungskräfte in Zeiten von Social Media werden zu Leadern, indem sie sichtbarer und Nachbauer werden. Ohne eine Plattform mit großer Reichweite werden sie unbedeutend und bleiben Führungskräfte (Oliver Herbert).
- ESN sind wie ein Fluss, der mich mit seiner Strömung mitreißt und zu neuen Bewusstseinszuständen über Kontexte, Kausalitäten, Korrelationen und soziale Beziehungen führt (Ole Wintermann).
- Ein ESN macht Führungskräfte organisationsweit sichtbar und lässt sie ihre Vorbildrolle als Digital Leader ausüben, lässt ihre Organisationseinheit effektiver und effizienter arbeiten und lässt sie bei Entscheidungen auf das Wissen der »Crowd« zugreifen (Simon Dückert).

- Aufrichtig ein- und umgesetzt, kann ESN Transparenz und Nähe sowie, daher hergeleitet, Vertrauen schaffen, mit dem Ziel, leichter diskutiert, definiert und anschließend umgesetzt werden zu können (Mathias Wrede).
- Soziale Netzwerk machen den Reichtum an Diversität sichtbar und nutzbar, um nachhaltige Antworten auf komplexe Probleme gemeinsamen zu erarbeiten (Harald Schirmer).

InfoBox:
Was bringt mir ein soziales Netzwerk?

Wir hatten es bereits am Anfang dieses Kapitels geschrieben: Ohne ein funktionierenden Enterprise Social Network ist der Aufbau und Betrieb einer Community fast unmöglich. IT ist im wahrsten Sinne des Wortes ist DER Enabler. Dennoch gilt natürlich auch:

> »Die sozialen Technologien sind nicht das eigentliche Ziel, sondern nur die Möglichkeit, um Probleme im Unternehmen effektiver und schneller zu lösen.«
>
> *Celine Schillinger*[35]

2.4 Checkliste für neue Rollen in den Organisationen

Um systematische Communitys für Corporate Influencer in Organisationen zu verankern, braucht man keine Zentralabteilung »Organisation«, die diese Form der Abwicklung ermöglicht, sondern man braucht engagierte Menschen, die diese Art der vernetzten Zusammenarbeit vorleben und damit Vorbild sind. Dennoch ist es sinnvoll, grundlegende Aufgaben die sich aus der Netzwerkarbeit ergeben, zu systematisieren, um klarer erkennen zu können, welche Aufgaben zu erledigen sind, um das beste Fundament zum Aufbau einer Community zu legen. Des Weiteren bieten sich Jobprofile an, wie sie zum Beispiel der Bundesverband Community Management e.V. – Für digitale Kommunikation und Social Media entwickelt hat (siehe https://www.bvcm.org/bvcm/ausschuesse/berufsbilder/).

2.4.1 Die Rolle des Community-Managers

In den frühen Phasen einer Community hängt sehr viel von einzelnen Personen ab, die wichtigen Einfluss darauf haben, ob die Community gedeiht oder die Aktivitäten bereits nach einem kurzen Feuer wieder einschlafen. Man braucht, vor allem zu Beginn, jemanden, der oder die sich für die entstehende Community verantwortlich fühlt und »den Laden zusammenhält«, eine Art Innenminister:in. Folgendes Aufgabenprofil ergibt sich aus dieser Verantwortung:

- **Community Building:** Community-Manager sind verantwortlich für den Auf- und Ausbau der Community. Sie vernetzen, beraten, trainieren und unterstützen in der Weiterentwicklung von Ideen.

- **Moderation und Redaktion:** Community-Manager moderieren Diskussionen und Kommentare bei Bedarf, sie recherchieren, planen und kuratieren Community-Inhalte und fungieren als erste Ansprechperson für Community-Mitglieder und im Unternehmen.

- **Beratung:** Durch ihre Vorbildfunktion zeigen Community-Manager pragmatisch und authentisch, welche Form der Zusammenarbeit in der Community und im Unternehmen sinnvoll ist. Sie sind quasi erster Leuchtturm und Role Model für Community-Mitglieder.

- **Vernetzung und Wissensmanagement:** Community-Manager teilen ihr Wissen aktiv im Unternehmen und in der Community. Sie sind Knotenpunkte für die Kommunikation und fungieren, wenn Netzwerkprozesse noch nicht optimal funktionieren, als »Informationsdrehscheibe«. Durch einen hohen Grad an Empathie und umfangreiches Wissen über Talente und Fähigkeiten in der Community können

Community-Manager sowohl Expert:innen als auch Expertise sichtbar werden lassen.

- **Staffing und People Management:** Community-Manager sorgen dafür, dass Schlüsselpositionen der Community mit geeigneten freiwilligen Kandidat:innen besetzt sind und dadurch erfolgskritische Aufgaben zuverlässig bearbeitet werden. Zudem machen Community-Manager transparent, wer für welche Aufgaben zuständig ist, sodass Ansprechpartner:innen und Verantwortlichkeiten für alle Mitglieder klar geregelt sind.

- **Feel-good-Management:** Aufgrund der Freiwilligkeit sind eine positive Atmosphäre und ein freundliches Miteinander Grundvoraussetzungen für die Existenz einer Community. Community-Manager stellen das Umfeld bereit und geben auch Impulse, damit sich diese positive Grundstimmung in der Community entfalten kann. Dies gilt auch für das Behandeln zwischenmenschlicher oder auch inhaltlicher Konflikte. Die entsprechende Moderation von Chats, Calls und weiteren Austauschformaten gehört zum Aufgabengebiet. Dabei ist in jeglicher Kommunikation auch wieder die Vorbildrolle durch wertschätzende und empathische Kommunikation und Handlungsweisen im Hinterkopf zu behalten.

- **Zusammenwirken mit der Formalorganisation (explizite Abläufe und Strukturen) und anderen Communitys:** Im Zusammenspiel mit der/m Sprecher:in stellen Community-Manager Kommunikation und Zusammenarbeitsangebote zu anderen Communitys sowie der Formalorganisation her. So wird sichergestellt, dass sich die Community nicht von der Unternehmensorganisation loslöst und Aufgaben nachgeht, die für die Formalorganisation »on Strategy« und von hoher Relevanz sind. Die Zusammenarbeit mit anderen Communitys soll sicherstellen, dass gegenseitige Synergien gehoben werden und gegenseitige Lerneffekte stattfinden können. So kann das von John Kotter (siehe Kapitel 2.2 »Communitys als Katalysatoren des Wandels«) beschriebene »Dual Operating System« seine Wirkung am besten entfalten.

- **Change Management und Weiterentwicklung:** Community-Manager haben einen guten Überblick über Abläufe, Strukturen und Prozesse der Community. Aus diesem Grund sind Community-Manager auch wichtige Impulsgeber, um zum Beispiel veraltete Prozesse neu zu strukturieren – kurz #AndersArbeiten in der Community, aber auch im Unternehmen voranzubringen.

Aufgrund der Vielfältigkeit und Intensität der Aufgaben können und müssen diese Aufgaben je nach Community-Größe auch auf mehrere Personen aufgeteilt werden.

2.4.2 Die Rolle des Sprechers/der Sprecherin

Die Sprecher:innen-Rolle mag auf den ersten Blick etwas überraschen, weil ja jede:r Corporate Influencer auch ein:e Kommunikator:in ist – auf seine persönliche Art und Weise.

Die Rolle des Sprechers/der Sprecherin für eine Community unterscheidet sich deutlich von der Rollenbeschreibung in der Formalorganisation eines Unternehmens. In einer Community spricht jedes Mitglied »für« die Gemeinschaft und nicht nur »über« die Gemeinschaft.

Da jedes Community-Mitglied in der sich entwickelnden Netzwerkstruktur Knotenpunkte innehält, die ausschließlich durch sie bedient werden, kann die Community ihre Kraft entfalten. Sprecher:innen von Communitys kommt so immer wieder die Aufgabe zu, mit positiven Impulsen und Angeboten Maßstäbe zu setzen, die durch die Community-Mitglieder als Inspiration genutzt werden können. Auch gegenüber der Formalorganisation kommt diesem/n Außenminister:innen – zusammen mit den Community-Manager:innen – immer wieder die Aufgabe zu, die Community, deren Inhalte und Aktivitäten gegenüber Entscheidungsträger:innen zu vertreten. Folgendes Aufgabenprofil ergibt sich aus dieser Verantwortung:

- **Medienarbeit:** Die wichtigste Aufgabe von Sprecher:innen ist es, die Community in der Öffentlichkeit in einem positiven Licht darzustellen.

Sprecher:innen beantworten Medienanfragen, geben Interviews und versorgen die interessierte Öffentlichkeit mit Informationsmaterial wie zum Beispiel Präsentationen. Die Teilnahme an Awards ist besonders für Corporate-Influencer-Initiativen eine wichtige Möglichkeit, in den öffentlichen Diskurs zu kommen.

- **Corporate-Influencer-Netzwerk-Arbeit:** Sprecher:innen vernetzen sich mit anderen Corporate-Influencer-Initiativen, halten Vorträge auf Fachtagungen und Konferenzen und betreuen Anfragen für wissenschaftliche Arbeiten, die sich mit dem Thema auseinandersetzen.

- **Community-Auftritt:** Neben den vielfältigen einzelnen Aktivitäten der Corporate Influencer ist eine »Landingpage« der Community auf der Unternehmenswebsite ratsam. Hier können die wichtigsten Fragen zur Community zentral beantwortet und Community-Mitglieder vorgestellt werden. Sprecher:innen von Communitys bauen Plattformen und erarbeiten Öffentlichkeiten, die dann die einzelnen Community-Mitglieder zur Kommunikation über sich und ihre Themen nutzen können.

- **Stakeholder-Management:** Der Aufbau von Beziehungen zu Meinungsbildner:innen in der Organisation, aber auch außerhalb des Unternehmens ist eine wichtige Aufgabe von Sprecher:innen von Communitys.

- **Analytics:** Die Analyse der eigenen Arbeit (zum Beispiel Medienresonanz), aber auch das Aufzeigen der Social-Media-Präsenz der Gesamt-Community ist eine der zentralen Aufgaben von Sprecher:innen von Communitys. Neben dem qualitativen Erarbeiten von Erfolgsgeschichten ist es auch wichtig, den quantitativen Blick auf die Gesamt-Community nicht aus den Augen zu lassen, um die Wirkkraft gegenüber internen und externe Stakeholdern zu verdeutlichen.

2.4.3 Die Rolle der Kernteam-Mitglieder

Mit wachsender Größe einer Community ist es ratsam, sowohl Community-Manager als auch Sprecher:innen in ihren Aufgaben zu entlasten und spezialisierte Aufgaben einem Kernteam zu übertragen. So wird die Selbstorganisation der Gruppe gestärkt und es können Strukturen entstehen, die das Wachstum beschleunigen.

Bei kleinen und mittelständischen Unternehmen kann sich natürlich zu Anfang kein Kernteam bilden, da sich oft ein:e Mitarbeiter:in des Themas Corporate Influencer annimmt und dann vorantreibt. Umso wichtiger ist es dann, dass er/sie sich mit den nötigen Ressourcen dieser Aufgabe widmen kann. Denn die zu erledigenden Aufgaben sind vielfältig:

Kernteam-Mitglieder beschäftigen sich mit vor allem mit **übergreifenden Fragen der Community**, die über die Rolle des einzelnen Corporate Influencers hinausgehen. Diese Aufgaben gliedern sich in drei Themengebiete:

- **Organisation:** Kernteam-Mitglieder pflegen Verteilerlisten und betreuen die internen Gruppen und Kommunikationskanäle. Sie arbeiten am Intranetaufritt, schreiben den Newsletter, Leitfäden und Protokolle. Kernteam-Mitglieder übernehmen den Support und die Leitung von Projekten, die aus der Community heraus entstehen.

- **Menschen:** Kernteam-Mitglieder bauen das Mentoring-Programm zum Onboarding in die Community auf und betreuen den Betrieb. Sie spielen eine Vorbildfunktion beim Teilen von Community-Inhalten, vermitteln Ansprechpartner:innen aus der Formalorganisation und sind so der ausgestreckte Fühler in die Community.

- **Strategie/Weiterentwicklung:** Kernteam-Mitglieder gestalten das strategische Zielbild, den »Purpose« der Community – immer im Austausch mit der Community selbst. Sie begleiten strategische Fragestellungen für die Community, wie zum Beispiel eine Internationalisierung.

Uns ist klar, dass diese neuen Rollen im Bereich Organisation nicht von heute auf morgen entstehen und viele der Aufgaben durch überzeugte und motivierte Corporate Influencer auch schon jetzt – mit anderen Jobbeschreibungen – mit übernommen werden.

Dennoch bleibt festzuhalten: Wenn wir als Organisation in Netzwerken arbeiten, kommt es **weniger auf klassische Managementfunktionen** an als auf die **Community-Manager**, und klare Rollenbeschreibungen sind wichtiger als der Status einer Position. Lassen Sie uns jetzt den Blick weg von den Rahmenbedingungen der Organisation hin zum (Kern-)Team richten, das das Feuer für Corporate Influencer entfacht und am Laufen hält.

3

TEAM

Wir erleben eine Umwälzung von Arbeit und der Art und Weise, wie wir mit anderen im Team diese Arbeit erledigen. Während »die Organisation« neue Rahmenbedingungen im Arbeiten im #NewNormal erlässt, werden wir auf der persönlichen Ebene immer mehr dazu aufgefordert, »eigenverantwortlich« zu handeln. Als Sandwich dazwischen stehen das Team und Teamprozesse, die sich natürlich auch verändern müssen.

Communitys bilden den perfekten Nährboden, um Selbstorganisation in Teams zu erlernen und diese dann auch in der Formalorganisation anzuwenden. Wir müssen lernen, dass wir selbst in kleineren Teams immer wieder neue Rollen einnehmen und so in verschiedener Art und Weise als Team zum »großen Ganzen« beitragen. Das Herausbilden eines Kernteams für den Aufbau einer Community ist für ein gesundes Wachstum entscheidend: Je mehr Menschen sich zugehörig fühlen, umso mehr Strukturen müssen geschaffen werden, die die Kohäsion der Gemeinschaft unterstützen.

Es ist die Abkehr von Bildern wie dem Leitwolf, dem allen nachrennen, hin zu einer dynamischen Arbeitsumgebung, in der jede:r potenziell in Führung gehen kann – auch wenn die Bereitschaft des Teams vorhanden sein muss, sich neu und von anderen führen zu lassen.

3.1 Warum die Kernteams so entscheidend für das Gelingen von Corporate-Influencer-Programmen sind

Wir sind immer wieder bewegt von der Energie und Kraft, die einzelne Mitarbeiter:innen an den Tag legen, und was sie allein bewirken. Es stimmt: Es hängt von jedem und jeder Einzelnen im Unternehmen ab, wie, wann oder ob wir uns überhaupt verändern. Dennoch ist auch klar: Die Kraft von uns ist endlich, als Team sind wir stärker.

Aus unserer Sicht ist das Besondere an Communitys und dem Arbeiten in Netzwerken, dass es weniger darum geht, den bestehenden Kampf der Organisation um Ressourcen und Geld mitzugehen, sondern mehr darum, Menschen für eine Idee zu motivieren und mehr zu tun, als gerade nötig ist. Wir nennen das Arbeiten am System. Früher dachten wir, dass in jedem Fall ein Mandat dazu nötig ist, um diese Arbeiten am System auszuführen. Heute ist uns klar: Wenn wir nicht selbst am System arbeiten, sondern ständig nur unsere Aufgaben erledigen, dann wird es niemand tun.

Bei den Telekom-Botschaftern hat sich aus diesem Grund ein Kernteam entwickelt. Schon kurz nach dem Entstehen dieses Teams gab es Befürchtungen aus der Community, dass daraus eine Hierarchie entstehen würde. Die Angst war groß, dass jetzt andere sagen werden, was der Einzelne in seiner Rolle als Corporate Influencer zu tun oder zu lassen habe. Genau aus diesem Grund haben wir uns entschieden, dem Kernteam eine ganz einfache Aufgabenbeschreibung zu geben:

> Das Kernteam beschäftigt sich mit allen Fragen der Corporate-Influencer-Community, die über die Rolle des einzelnen Akteurs hinausgehen.

Das klingt erst mal simpel, bedeutet aber auch, dass klar sein muss, was die Aufgaben in der Rolle als Corporate Influencer denn eigentlich ausmacht und was nicht. Dazu helfen uns Rollenausprägungen mit Ansprechpartner:innen, die für verschiedene Themen verantwortlich zeichnen.

3.2 Arbeitsfelder beim Aufbau eines Corporate-Influencer-Programms

Die Arbeitsfelder zum »Arbeiten am System« lassen sich sehr gut mit dem Community Canvas strukturieren. 17 Themen, verteilt über die drei Bereiche **Identität** in der Mitte, **Erfahrungen** (oben) und **Struktur/Organisation** (unten), geben dazu den Rahmen:

Abbildung 2: Bereiche und Themen des Community Canvas[36]

Nachfolgend werden wir nun diese Arbeitsfelder in den drei Arbeitsbereichen Identität, Erfahrungen und Struktur anhand der Telekom-Botschafter-Community detailliert beschreiben.

3.2.1 Sinn stiften – Arbeitsfeld Identität

Starke Corporate-Influencer-Communitys haben ein klares und kommuniziertes Gefühl dafür, warum sie existieren und wofür sie stehen. Diese Kernfrage der Identität beeinflusst alle anderen Bereiche und Themen der Community.

Wenn sich Menschen spontan zusammentun, dann hat das immer etwas Fluides, Bewegliches. Wir tun uns oft schwer, dieses Bewegliche greifbar zu machen und in Worte zu fassen. Aber das ist genau einer der zentralen Punkte, um gesundem Wachstum einer Community einen Rahmen zu geben. Das strategische Zielbild ist ein Hilfsmittel, um Interessierten und Neuankömmlingen eine Strukturhilfe zu geben.

Bei all diesen strukturellen und strategischen Vorgehensweisen bleibt immer noch das Wichtigste:

> Zuerst die Menschen – dann die Strategie.

Es macht überhaupt keinen Sinn, gleich zum Start einer Community ein strategisches Leitbild oder Zielbild etablieren zu wollen, um dann nach Menschen zu suchen, die auf dieses Leitbild »einzahlen«. Vielmehr geht es darum, eine offene Einladung auszusprechen, um Menschen zu gewinnen, die an einem solchen Leitbild arbeiten wollen.

Ein derartiges strategisches Leitbild zeichnet sich durch eine Vision, Mission und konkrete Ziele aus. Das gemeinsam erarbeitete Leitbild der Telekom-Botschafter-Community wurde zum Beispiel 2015 entwickelt und hat seitdem Bestand:

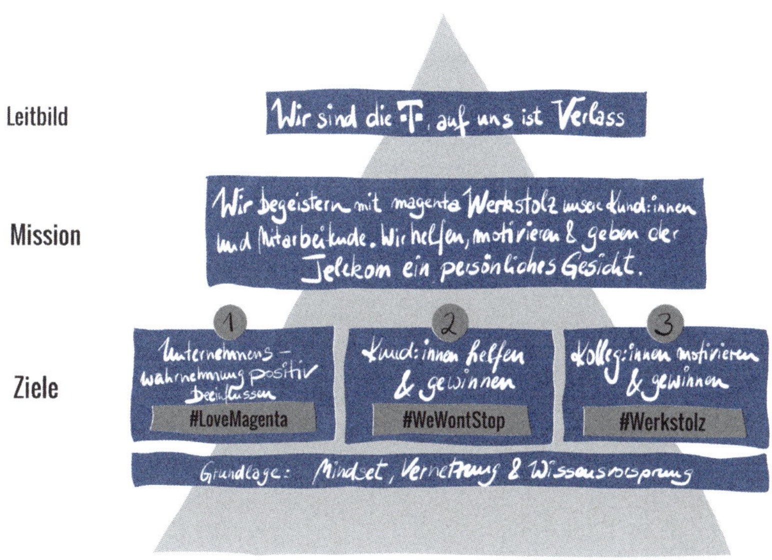

Abbildung 3: Strategisches Leitbild der Telekom-Botschafter-Community
Quelle: Eigene Darstellung

Welche (Marken-)Sprache wir sprechen wollen

Besonders bei Corporate-Influencer-Programmen kommt immer wieder die Frage auf: Wie stellt sich die Community selbst dar? Und sind die Corporate Influencer selbst eine Personal Brand?

Besonders bei der Ausprägung der Sprache hilft auch hier das strategische Leitbild der Telekom-Botschafter. Die Hashtags #LoveMagenta, #WeWontStop und #Werkstolz bilden zum einen den Rahmen für die Ziele der Gemeinschaft und werden direkt in der Kommunikation der Community genutzt. Zum anderen ermöglichen diese Hashtags die Verzahnung zur Unternehmensstrategie/dem Purpose des Unternehmens (»We won't stop until everyone is connected«).

Im Gegensatz zu einer Kampagnenlogik, bei der sehr oft immer wieder ein neuer Hashtag/Slogan kreiert wird, bleiben diese Hashtags in einer Streaminglogik fest und werden über das Jahr hinweg immer wieder mit neuen Aktivitäten aufgeladen.

Wenn die Corporate-Influencer-Community zum Beispiel versucht, mit ihren Aktivitäten die Unternehmenswahrnehmung positiv zu beeinflussen – unter Nutzung eines Hashtags #LoveMagenta – entstehen immer wieder kleine Gadgets in Do-it-yourself-Projekten. Unabhängig von dem starken T-Logo spielt dabei vor allem die auffällige Farbe Magenta eine ganz besondere Rolle. Sie bietet die Möglichkeit, die Verbundenheit mit der Firma mal laut und mal ganz dezent zu zelebrieren.

Darüber hinaus wurden in Zusammenarbeit mit den Marken-Kolleg:innen spezielle Werkstolz-Gadgets für all diejenigen entwickelt, die #LoveMagenta nicht nur im Herzen, sondern auch auf der Brust tragen wollen. Neben dem Ambassador-Pin gibt es das Ambassador-T-Shirt für sie und ihn. Derzeit wird die Kollektion durch das Ambassador-Cap abgerundet.

Wichtig dabei ist, dass diese Gadgets nicht einfach bei einer Agentur in Auftrag gegeben wurden, sondern das Ergebnis einer mehrstufigen Kreationsprozesses sind, in dem Botschafter:innen immer wieder Input geben konnten. Außerdem lag die Entscheidung, welche Kreativroute umgesetzt wird, voll bei der Community selbst. Das stellt natürlich sicher, dass das beliebteste Motiv dann auch gekauft und mit Werkstolz getragen wird.

Für welche Werte wir stehen

Die Kultur ist die DNA eines Unternehmens und beeinflusst damit nicht nur die Arbeitsweise, sondern auch seinen Erfolg.

> »Culture eats strategy for breakfast.«
>
> *Peter Drucker*

Wir sind tief von Peter Druckers Aussage überzeugt, dass der Unternehmenserfolg maßgeblich durch die Kultur beeinflusst wird und eher unabhängig davon ist, wie effektiv die aktuelle Strategie ist.

Viele Unternehmen haben einen jährlichen Hashtag eingerichtet, um sich die selbst gegebenen Leitlinien bewusst zu machen, das Verhalten zu reflektieren und gemeinsam besser zu werden. Zusätzlich gibt einem der Rhythmus der agilen Arbeitsweisen mit regelmäßigen Reviews die Möglichkeit, zumindest kurz »innezuhalten« und bestehendes Verhalten im Team zu reflektieren.

Entscheidend für die Entwicklung einer Kultur ist es, sich immer wieder damit zu beschäftigen, was diese Kultur ausmacht. Es bedarf einer, in vielen Firmen auch international geführten, Kulturdiskussion in Form von Workshops und Onlineformaten über alle Hierarchieebenen hinweg. Dabei wird über den gesellschaftlichen Sinn des Unternehmens diskutiert und darüber gesprochen, in welcher Kultur die Menschen künftig arbeiten möchten und welche Werte ihnen wichtig sind.

Auch hier zahlt sich aus, wenn Community-Mitglieder der Corporate Influencer in Projektrollen gleichzeitig für diese stetige, programmatische Auseinandersetzung mit den Leitlinien verantwortlich zeichnen. Corporate Influencern wird zum Beispiel durch personalisierbare Social-Media-Toolkits die Möglichkeit gegeben, ihre eigene Interpretation der Leitlinien zu gestalten und so Kulturarbeit lebendig werden zu lassen.

3.2.2 Inhalte der Community entwickeln – Arbeitsfeld Erfahrungen

Der zweite Teil des Community Canvas umschreibt die Community aus der Perspektive ihrer Mitglieder: Was passiert in der Community und welchen Mehrwert schafft die Community so für ihre Mitglieder?

Einen Aufnahmeprozess und Mentoring etablieren

Wie auch das Onboarding in Unternehmen ist auch der Start in einer Community wichtig, um sehr schnell wirksam arbeiten zu können. Der Schlüssel, um Corporate Influencer schnell in Aktion zu bringen, liegt deshalb in zwei Wörtern: »Onboarding« und »Mentoring«. Die Aufgaben in diesen beiden Arbeitsfeldern werden auch hier maßgeblich durch das Kernteam, also aus der Mitte der Community, bearbeitet.

Der **Onboarding-Prozess** beginnt mit einer klaren Definition von Rollen und Aufgaben von Corporate Influencern. So ist von Anfang an klar, was Interessent:innen beim Start in die Community erwartet. Der Prozess ist in vier Stufen gegliedert, mit dem ein paar recht standardisierte Aufgaben für die Bewerber:innen einhergehen.

1. Teilnahme an einer **Onboarding-Session:** In regelmäßigen Abständen werden in Deutsch und Englisch Onboarding-Sessions angeboten, um über Inhalte und Prozesse zu informieren.
2. **Aufgaben** für Anwärter:innen: Dahinter verbergen sich eine Liste von Tätigkeiten, die den Start in die Community erleichtern sollen, wie zum Beispiel das Pflegen des eigenen Profils im Social Intranet und auf externen Social-Media-Plattformen, der Beitritt zu den internen Chat- und Kommunikationskanälen, die erfolgreiche Suche nach einer/m Mentor:in und vor allem die Selbstvorstellung im Social Intranet. Diese Tätigkeiten werden in Checklisten-Form als »Bewerbungsformular« eingereicht.
3. Durch das Onboarding-Team werden die Aufgaben gegengecheckt, danach folgt die **Eintragung** in die offizielle **Botschafter:innen-Liste** als Einsteiger:in.

4. Mit der **Selbstvorstellung im Gesamt-Call** der Community startet die sechsmonatige Einstiegsphase als »Einsteiger:in«. Bei regelmäßiger Aktivität und nach einem »Go« durch den/die Mentor:in werden Einsteiger:innen innerhalb dieser Zeit dem Kernteam zur Aufnahme als festes Mitglied der Corporate-Influencer-Community vorgeschlagen.

Mentoring: Während der sechsmonatigen Einstiegsphase werden Corporate Influencer bei der Telekom durch insgesamt über 30 Mentor:innen, erfahrenen Corporate Influencer, begleitet. Basis für das Mentoring ist stetiges Feedback in persönlichen Austauschrunden. Auf der einen Seite zeigen Mentor:innen Möglichkeiten auf, führen in Arbeitsgruppen, geben Sicherheit und versuchen, Potenziale der Einsteiger:innen zu heben. Auf der anderen Seite setzen sich Einsteiger:innen Ziele, bringen ihre eigenen Ideen ein und zeigen in bestehenden Aktivitäten Eigeninitiative.

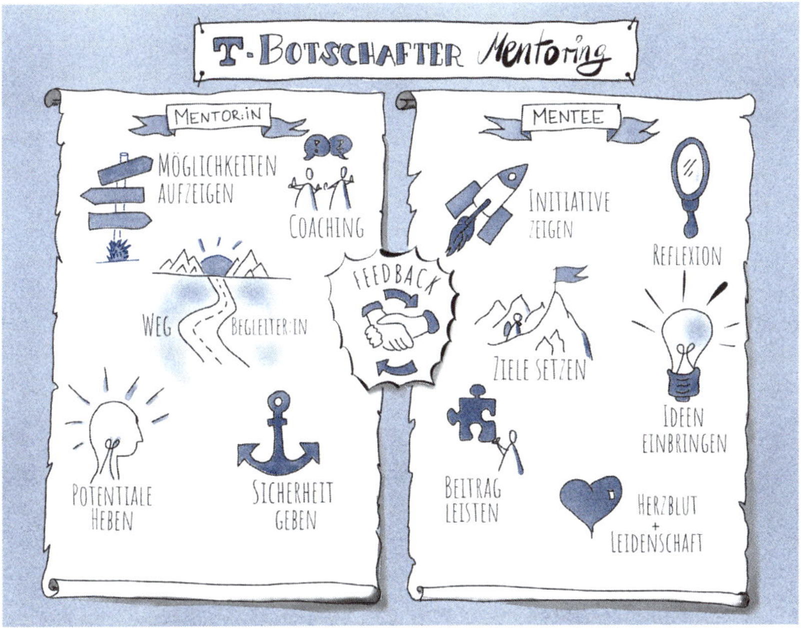

Abbildung 4: Überblick über Mentoring-Bereiche beim Onboarding (Bild: Manuela Wild, 2019)

Geteilte Erfahrungen: Sich gegenseitig Geschichten des Gelingens erzählen

Ein weiteres zentrales Element einer Community sind »geteilte Erfahrungen«. Das sind diejenigen Geschichten, die früher ums Lagerfeuer herum immer wieder erzählt wurden und den Kern der Community ausmachen.

Die **wöchentlichen Calls** der gesamten Community geben eine gute Möglichkeit und auch einen Rhythmus vor, in dem Erlebnisse und Aktivitäten in Bezug auf die Zieldimensionen der Community durch die Mitglieder geteilt werden. Diesen Geschichten und Erlebnissen, selbst wenn sie noch so klein sind, eine Bühne zu geben, hat vor allem zwei Funktionen:

- Gegenseitige **Wertschätzung**: Corporate Influencer erfahren, dass ihr Handeln einen Unterschied macht, und bekommen Feedback auf ihre Aktivitäten durch die eigenen Community. Dieses Feedback kann auch zur Korrektur verwendet werden, wenn man mal übers Ziel hinausgeschossen ist (siehe Kapitel 5 »Besser scheitern«)
- **Inspiration** für eigene Aktivitäten: Erwünschtem Verhalten eine Bühne zu geben, wirkt inspirierend für andere Community-Mitglieder. Besonders aktivierend ist es dabei, wenn nicht Dritte über Erfahrungen anderer berichten, sondern die Corporate Influencer selbst Erlebnisse direkt teilen.

Bei den **jährlichen Treffen** der Corporate-Influencer-Community werden grundsätzlich in einer separaten Session gemeinsam die »Highlights aus dem vergangenen Jahr« gesammelt. Oftmals handelt es sich dabei um gemeinsame Aktivitäten und Erlebnisse, die aus einer einzelnen Idee eines/r Botschafter:in entstanden ist. Victor Hugo hat mal gesagt: »Nichts ist so mächtig wie eine Idee, deren Zeit gekommen ist.« Communitys mit ihren Netzwerkstrukturen und Effekten sind der perfekte Nährboden zum Austesten von eigenen Ideen.

Für die Außendarstellung, aber auch zur Motivation nach innen eignen sich **Print-Publikationen**: Im Booklet »Geschichten des Gelingens« erzählen Corporate Influencer selbst von Alltagssituationen, die **den Unterschied** gemacht haben und die auf die Ziele der Community einzahlen.

Eine einfache Struktur anhand von drei Fragen hilft dabei, dass die Geschichten des Gelingens eine gewisse Stringenz erfahren, ohne die Individualität des/r Erzähler:in zu vernachlässigen:

1. Was ist passiert?
2. Wie habe ich als Corporate Influencer gehandelt?
3. Was hat sich durch mein Wirken verändert?

Je mehr digital ist, desto wichtiger ist auch das Analoge.

Beispiel
Booklet Geschichten des Gelingens

Da wir in der heutigen Zeit quasi alles digitalisieren wollen, vergessen wir sehr oft, dass es auch nötig ist, etwas haptisch zu »ergreifen«, um es zu »begreifen«. So ein gedrucktes Booklet soll dabei nicht in Bücherregalen verstauben, sondern wird zum Beispiel gerne als kleines Geschenk bei persönlichen Treffen weitergegeben.

Mitgliederwechsel: Wie wir den Abschied gestalten

Neben dem Beginn einer Mitgliedschaft in einer Community, den wir im Onboarding-Teil ausführlicher beschreiben werden, ist die Beschreibung des Austritts aus der Community relevant. Wenn man weiß, wenn es »zu Ende« ist, kann man die Erfahrungen in der Community intensiver erleben, es entsteht eine höhere Bindung innerhalb der Community-Mitglieder.

Oft lesen wir von »einmal geschulten Kolleg:innen«, die als Teil der Community gezählt werden – aus unserer Sicht ist das Augenwischerei. Es gibt immer noch eine Konsumhaltung unter Angestellten, die zwar eine (weitere) Schulung gerne mitnehmen, aber danach in keiner Weise eine erhöhte Aktivität in oder für die Community zeigen.

Wir haben deshalb bei den Telekom-Botschaftern entschieden, Mitglieder, die längere Zeit nicht aktiv sind, durch die Mentoren anzusprechen und um Feedback zu bitten. Die Ursachen für eine Nicht-Teilnahme sind vielfältig. Neben einer erhöhten beruflichen Belastung können natürlich auch persönliche Gründe dafür sprechen, nicht mehr am Community-Leben teilzunehmen. Deshalb ist es wichtig, die individuelle Situation zu verstehen und dann zum Beispiel gemeinsam zu entscheiden, ob der Status auf »inaktiv« gesetzt werden soll.

Darüber hinaus kann es auch vorkommen, dass sehr aktive Botschafter:innen das Unternehmen verlassen und bei anderen Unternehmen arbeiten, obwohl durch ihr Engagement eine höhere Bindung an den Arbeitgeber entstanden ist. Auch hier gilt: Persönliche Beziehung reißen nicht so schnell ab. Es gibt die Möglichkeit, auch freundlich und persönlich ehemalige Kolleg:innen aus der Community zu verabschieden.

Beispiel
Verabschiedung aus der Community

Und schlussendlich sind für den Erfolg und die Weiterentwicklung einer Community die Anzahl der aktiven Mitglieder entscheidend und **nicht** lange Listen von Menschen, die mal in Verbindung mit der Community gebracht worden sind. Es ist deshalb wichtig für die Hygiene der Community, über eine längere Zeit völlig inaktive Community-Mitglieder freundlich zu verabschieden und auch aus den Listen und Verteilern zu streichen.

3.2.3 Rückgrat der Community bauen – Arbeitsfeld Struktur und Organisation

Der Fokus des dritten Teiles »Struktur und Organisation« des Community Canvas beschreibt die operativen Elemente beim Betreiben einer Community und stellt sich der Frage, wie man einer Community langfristig Stabilität gibt.

Organisation: Welche Rollen und Aufgaben wir übernehmen

Auch Communitys brauchen eine Leitung und einen klaren Überblick, wer für welche Themen zuständig ist, denn auch eine Community muss sich die Frage stellen: Welche Funktionen und Aufgaben sind kritisch für das eigene Überleben?

Im Kapitel 2.4 »Checkliste für neue Rollen in den Organisationen« sind drei Kernrollen für eine Corporate-Influencer-Community bereits auf Top-Level-Ebene beschrieben: Community-Manager, Sprecher:in und Kernteam-Mitglied. Klar ist jedoch auch: Je kleiner die Community ist, umso mehr Aufgaben werden durch eine oder wenige Personen übernommen. Es geht also im Folgenden weniger darum, dass pro Aufgabe eine Person benötigt wird, sondern um die umfassende Beschreibung der Aufgaben, die bei einer Corporate-Influencer-Initiative anfallen.

Kernteam-Mitglieder beschäftigen sich mit **vor allem organisatorischen Fragen der Community, die über die Rolle des einzelnen Community-Mitglieds hinausgehen.** Dabei geht es weniger um Hierarchie, sondern mehr um die klare fachliche Zuständigkeit für ein Arbeitsgebiet der Community – nachfolgend sind wichtige Kernaufgaben aufgelistet:

- **Aufnahmeprozess und Onboarding:** Benötigt werden Mitarbeiter:innen, um die Onboarding-Calls zu organisieren und durchzuführen. Die ersten Schritte in einer Community sind enorm wichtig. Teilweise ist auch Unterstützung notwendig bei der Selbstvorstellung in der Gruppe, einem der Elemente, um die Innenvernetzung der Community zu stärken.

- **Mentoring:** Mit dem Wachstum einer Community wird das Mentoring immer wichtiger. Elemente und Dauer dieses Mentorings müssen definiert und zum Beispiel in Leitfäden ausgestaltet werden. Die Pflege von Mentor:innen-Profilen ist wichtig, damit es für Neulinge leichter ist, einen passenden Counterpart für die Einsteigerphase zu finden.

- **Know-how-Transfer:** In diesem Arbeitsbereich geht es darum, die wichtigsten Wissensbereiche der Community zu identifizieren und Lern-Sessions für diese Bereiche (zum Beispiel Social Media, Produkte, Dienstleistungen) zu organisieren. Außerdem gilt es, alle Mitglieder der Community stetig zu ermutigen, ihr Wissen weiterzugeben. Wenn es sinnvoll erscheint, können solche Lern-Sessions auch extern geöffnet und vermarktet werden, um noch mehr Öffentlichkeitswirkung zu erzielen.

- **Pflege von Listen und Verteilern:** Wirklich nicht zu unterschätzen ist der Aufwand, den die Pflege der Verteiler und auch die Organisation des Zutritts zu den einzelnen Chaträumen mit sich bringt. Nur wenn alle, die dabei sein wollen, dabei sein können, ist eine effiziente Kommunikation möglich.

- **Intranetpräsenz:** Man bekommt keine zweite Chance, einen ersten Eindruck zu hinterlassen. Besonders für Einsteiger:innen und Interessierte ist die Intranetseite ein wichtiger Ankerpunkt. Hier finden sich zum Beispiel die anstehenden Termine, die aktuellen Selbstvorstellungen und alle Protokolle der Community-Calls und Treffen.

- **Newsletter:** Monatlich wird an die Corporate Influencer ein Newsletter versandt, der im Kern eine Zusammenstellung besonderer Beiträge der Community-Mitglieder aus den vergangenen vier Wochen ist. Außerdem wird auf anstehende Community-Projekte hingewiesen, und es werden – auch immer wiederkehrend – Basisdokumente der Community verlinkt.

- **Lagerverwaltung/Merchandising:** Der aktuelle Do-it-yourself-Trend hat auch bei Corporate Influencern den Effekt, dass immer mehr die eigene Marke in selbst gemachten, persönlichen Gegenständen (wie zum Beispiel Schlüsselanhänger, Tassen, Stickerbögen und vieles andere mehr) zum Ausdruck bringen. Ein kleiner Onlineshop, der vor allem die Logistik unterstützt, und ein gut gepflegtes Lager sind die Basis dafür, die eigene Corporate-Influencer-Tätigkeit mit sinnvollem Merchandising zu unterstützen.

Neben diesen internen, administrativen Rollen hat der Versandhändler Otto auch **externe Rollen** definiert,[37] um den unterschiedlichen Persönlichkeiten einer Corporate-Influencer-Community gerecht zu werden.

Eine solche Ausdifferenzierung macht vor allem bei einem zunehmenden Wachstum der Community Sinn, zum Beispiel:

- **Netzwerker:innen** sind gerne im Austausch, begeistern im direkten Gespräch und knüpfen wertvolle Kontakt – für sich, aber auch für das Unternehmen.

- **Social-Media-Insider:innen** sind auf den sozialen Medien unterwegs und berichten über ihren Arbeitsalltag – sie geben dabei authentische Einblicke in die Unternehmenskultur.

- **Speaker:innen und Writer:innen** fokussieren sich auf Vorträge, Blogartikel und Interviews in Fachmedien und überzeugen durch ihre Fachexpertise.

- **Co-Recruiter:innen** unterstützen die Bewerber:innen im Prozess und schätzen die fachliche Eignung sowie den Team-Fit von Kandidat:innen vorab ein.

Auch andere Segmentierungen können bei einem Wachstum hilfreich sein. So gibt es zum Beispiel beim Telekom-Botschafter-Quartett teils thematische, aber auch funktionale Corporate-Influencer-Teilgruppen, wie Technik-Backbone, Helfer:innen der internationalen Taskforce, Künstler:innen, Netzwerker:innen, Organisierer:innen, Sportler:innen und Tüftler:innen.

Wie Selbstmanagement, Entscheidungen und Konflikte gelöst werden

Der anfängliche Erfolg einer Community und das damit einhergehende Wachstum führen auch zu Wachstumsschmerzen. Nicht immer sind vereinbarte Prozesse auf größere Menschenmengen ausgelegt, oder kulturelle Unterschiede führen zu Konflikten.

Beim Aufbau und bei der Weiterentwicklung einer Community ist es daher sinnvoll, die grundsätzlichen Änderungen von evolutionären Organisationsformen im Hinterkopf zu haben, die von Frédéric Laloux in *Rein-*

venting Organizations in den Bereichen Selbstmanagement, Ganzheitlichkeit und evolutionärer Zweck beschrieben werden.[38]

Beim **Selbstmanagement** geht es dabei um die **Steuerung durch kollegiale Beziehungen** in den folgenden vier Dimensionen:

- **Rollenübernahme:** Machthierarchien werden mehr und mehr durch flexible natürliche Hierarchien abgelöst. Je nach Fähigkeiten und Motivation übernehmen Kolleg:innen nach Bedarf Rollen und erhalten die Verantwortung, Entscheidungen in dieser Rolle zu übernehmen.

- **Beratung:** Entscheidungsfindung findet nicht mehr hierarchisch statt, sondern in einem Beratungsprozess und der anschließenden Verantwortungsübernahme. Vor der Entscheidung müssen alle im System Betroffenen vorab konsultiert werden.

- **Teilhabe:** Es gibt keine zentralistische Führung mehr. Jede:r Corporate Influencer kann Teil des Managements werden und sich an der Macht beteiligen.

- **Verantwortung:** Mit dem wachsenden Grad der neu gewonnenen Freiheit wächst die Verantwortung des Einzelnen. Eigene Probleme können nicht mehr auf Führung oder andere Kolleg:innen projiziert werden.

Für nicht auflösbare Konflikte empfiehlt es sich darüber hinaus, die Rolle der »Vertrauensbotschafterin«/des »Vertrauensbotschafters« einzurichten. So können zum Beispiel zwischenmenschliche Konflikte, die die Corporate-Influencer-Community betreffen, persönlich und vertraulich gelöst werden.

Wie sich ein Corporate-Influencer-Programm finanzieren kann

Das Wichtigste vorab: Geld spielt beim Aufbau einer Community für Corporate Influencer eine untergeordnete Rolle. John Kotter spricht davon, dass schon wenige finanzielle Ressourcen ausreichen, um ein solches Beschleunigernetzwerk aus Menschen aufzubauen.[39]

Die meisten Communitys in der Welt arbeiten generell ohne eine strukturierte Finanzierung und werden durch die freiwillige, unbezahlte Arbeit ihrer Mitglieder getragen.[40] Dies gilt vor allem für Hilfe-Communitys wie zum Beispiel www.gutefrage.net, deren Wert durch die unbezahlte Arbeit und »Weisheit der Massen« entsteht.

Da eine Corporate-Influencer-Community keine direkte Gewinnabsicht als Ziel hat, reicht es aus, die Ausgaben finanziert zu bekommen. Zwei wichtige Kostenfaktoren spielen dabei eine Rolle:

Bei dem **Training**/der**Weiterbildung** der Community-Mitglieder kann es vonnöten sein, externe Unterstützung für Impulsvorträge und Workshops zu engagieren. Dabei kann mit einem niedrigen fünfstelligen Investment pro Jahr gestartet werden, um Kompetenzen durch externe Unterstützung einzukaufen, die nicht bei den Corporate Influencern vorhanden sind.

Bei Treffen der Gesamt-Community entstehen **Eventkosten** – vor allem durch die Buchung des Veranstaltungsorts, das Catering und die Reisen. Auch bei der Durchführung eines digitalen Treffens mit einer professionellen, digitalen Eventplattform können Kosten entstehen, die den Ausgaben eines OnSite-Events ähnlich sind. Diese Kosten sollten finanziert werden, da es operativ nur schwer durchzuführen ist, sie partiell auf alle Teilnehmenden umzulegen.

Generell gibt es zur Finanzierung zwei Möglichkeiten: Bei der **zentralen Finanzierung** stellt ein beteiligter Fachbereich (es können auch mehrere sein – zum Beispiel Kommunikation, Vertrieb oder Personal) ein Jahresbudget zur Verfügung. Dies ist sicherlich die präferierte Lösung für eine gesicherte Finanzierung der Community.

Bei der **dezentralen Finanzierung** muss bei jeder finanziellen Ausgabe von den Community-Mitgliedern selbst ein:e Finanzierer:in gefunden werden. Dies kann auf der einen Seite zu einem langwierigen Anforderungsprozess führen, auf der anderen Seite besteht so aber auch die Möglichkeit, mehr Fachbereiche der Organisation zu involvieren und die Community auf »breitere Füße« zu stellen.

Kanäle und Plattformen für Kollaboration und Kommunikation

Die Kernfrage, die wir bezüglich Kanälen und Plattformen für die Corporate-Influencer-Community stellen müssen, ist:

> Wo trifft sich die Community regelmäßig – persönlich oder digital?

Häufig erfahren wir beim Aufbau einer Community, dass die Frage der technischen Plattform eine viel zu zentrale Rolle einnimmt, denn zuerst kommen die Menschen, dann die Technologie. Wichtig ist, die Bedürfnisse und das Verhalten der Community-Mitglieder zu verstehen, um daran angepasst digitale und analoge Angebote zu schaffen.

Die folgende vereinfachte Tabelle zeigt die möglichen digitalen und analogen Kanäle und Plattformen, die ein Angebot für die Bedürfnisse der Community-Mitglieder sein können. Vorab folgende Empfehlung: Je kleiner die Community ist, desto wichtiger ist es, einige wenige Kanäle zu eröffnen, damit sich die Aktivität der Community-Mitglieder an wenigen Plätzen konzentrieren kann und nicht in zu vielen digitalen Kanälen versandet:

KANAL/ PLATTFORM	MÖGLICHE NUTZUNG FÜR EINE CORPORATE-INFLUENCER-COMMUNITY
Chaträume	Die wichtigste digitale Austauschplattform sind informelle Chaträume zum schnellen Austausch. Bei größeren Communitys hilft die Differenzierung nach Themen/Regionen/Aufgaben – hier einige Beispiele: • Kitchen-Talk als Austausch über Dinge, die man normalerweise in der Kaffeeküche bespricht • Topthemen zum Liken, Kommentieren und Teilen (mit Links auf externe Social-Media-Posts) • Bitten um Unterstützung (zum Beispiel Service-Anliegen) • Regionalgruppen (nach Land, Bundesland, Stadt) • Arbeitsgruppen zu Themen • Externe Social-Media-Plattformen (hier treffen sich zum Beispiel die TikToker:innen)
Social-Intranet-Gruppe	Der zentrale interne Anlaufpunkt für die Community. Dort finden sich zum Beispiel Informationen ... • zum Mission Statement, • zur Community (Basisinformationen), • zum Onboarding, • zum Mentoring, • zur Corporate-Influencer-Liste, • zur Selbstvorstellung der neuen Corporate Influencer, • zur Terminübersicht, • zu den Protokollen der Calls/Notizen, • zum Archiv der Newsletter.
E-Mails	Da E-Mails immer noch das »Nervensystem« des Unternehmens darstellen, ist es wichtig, auch darüber Information zu verteilen, beispielsweise die Protokolle. Wichtig dabei: Bitte keine Diskussionen in großen E-Mail-Verteilern anzetteln, dafür sind die Chaträume da.

KANAL/ PLATTFORM	MÖGLICHE NUTZUNG FÜR EINE CORPORATE-INFLUENCER-COMMUNITY
Video-Calls	Der regelmäßige Austausch innerhalb der Community ist essenziell. Video-Calls sind dazu – besonders in Coronazeiten – ein probates Mittel.
Corporate-Influencer-(Regional-) Treffen	Mindestens einmal im Jahr sollte sich die Gesamt-Community physisch treffen, vor allem um die Innenvernetzung unter den Community-Mitgliedern zu stärken. Jede größer die Community ist, umso mehr macht es auch Sinn, kleinere, regionale Treffen zu veranstalten. Die Initiative geht dabei sehr oft von den lokalen Mitgliedern aus.
Gruppen auf externen Social-Media-Plattformen	Da die meisten Aktivitäten der Corporate Influencer auf externen Social-Media-Plattformen stattfinden werden, ist es ratsam, auch direkt auf diesen Plattformen Austauschmöglichkeiten zu schaffen, um Plattformspezifisches zu teilen. Dies geschieht in Chats oder Gruppen, je nach technischer Möglichkeit der jeweiligen Plattform.
Social-Media-Advocacy-Tools	Es gibt eine Vielzahl von Tools, um Mitarbeiter:innen besser dabei zu unterstützen, für ihre Organisation auf Social Media aktiv zu sein. Neben der Bereitstellung von Content durch Fachbereiche ist dabei wichtig, den Corporate Influencern selbst die Möglichkeit zu geben, ihre Inhalte mit der Community einfach zu teilen.

Tabelle 2: Kanäle und Plattformen für Kommunikation und Zusammenarbeit in Corporate-Influencer-Communitys

Datenmanagement: Die Mitgliederliste

Das Datenmanagement der Corporate-Influencer-Community stellt sich einer vordergründig einfachen Frage, die in der verteilten Umsetzung jedoch einiges an Komplexität beinhalten kann:

> Wie hält die Community die Kontaktdaten, Interessen und Kenntnisse der Mitglieder aktuell?

Für die einzelnen Community-Mitglieder ist es von enormer Bedeutung, nach anderen Mitgliedern suchen zu können; zu wissen, bei welchen Community-Mitgliedern sie um Hilfe fragen können oder welche Community-Mitglieder spezifische Kompetenzen haben. Die Frage »Wer weiß und kann was?« ist nicht nur zu einem Zeitpunkt zu beantworten, sondern unterliegt einem immerwährenden Aktualisierungsprozess, weil sich auch die Kompetenzen der Corporate Influencer stetig weiterentwickeln. Eine Liste der Corporate Influencer ist das zentrale Datenblatt für die Community. Folgende Daten kann eine solche Liste beinhalten:

- Vorname und Name
- Jobbereich
- Standort
- Social-Media-Profile (Links)
- Selbstvorstellung (Link)
- Corporate-Influencer-Status
- Mentor:in

Bei der Pflege dieser Liste empfiehlt es sich, eine gewisse Redaktion durchzuführen. So können zum Beispiel Kernteam-Mitglieder die Aufgabe der Pflege und Aktualisierung der Liste übernehmen. Es ist ratsam, beispielsweise den Corporate-Influencer-Status (Einsteiger:in, Vollmitglied, inaktiv, Kernteam-Mitglied) immer wieder einer kurzen Überprüfung zu unterziehen, um keine Karteileichen in der Liste zu führen.

3.3. Der Corporate Influencer Canvas: Fünf Unternehmensbeispiele

Strukturierendes Element dieses Team-Kapitels ist der Corporate Influencer Canvas, der die Arbeitsfelder beim Aufbau einer Corporate-Influencer-Community beschreibt. Diese Art der Strukturierung kann Ihnen dabei helfen, kein Arbeitsfeld zu übersehen und die eigene Arbeit systematisch, strategisch und fokussiert anzugehen.

Auf der anderen Seite ist jedes Corporate-Influencer-Programm natürlich auch individuell. Aus diesem Grunde haben wir fünf Unternehmen gebeten, uns ihre Antworten auf die zentralen Fragen zum Aufbau einer Corporate-Influencer-Initiative zu geben.

Herzlichen Dank an dieser Stelle an Christian Buggisch (DATEV), Clas Dammann (Nestlé), Eugenia Mönning (Otto), Henning Wedekin (Swiss Life) und Alexander Luyken (Telekom) für ihre Antworten:

3.3.1 Corporate Influencer Canvas der DATEV-Botschafter:innen

Corporate Influencer Canvas: DATEV

Community Canvas community-canvas.org

1. Ziel Warum gibt es bei euch Corporate Influencer?

Durch die Kommunikation unserer DATEV-Botschafter:innen erzielen wir eine authentische Kommunikation über und rund um DATEV. Unter dem Hashtag #wirsinddatev berichten unsere Mitarbeitenden über ihre Arbeit bei DATEV und sprechen damit potenzielle Bewerber:innen und Kund:innen auf positive und glaubwürdige Weise an. Denn Menschen vertrauen Menschen mehr als Marken. DATEV-Botschafter:innen verfügen über eine gewisse Reichweite und sind daher in der Lage, DATEV-Botschaften an relevante Zielgruppen zu senden. Dies erfolgt freiwillig und kostenfrei über die privaten Social Media-Profile der Botschafter:innen.

2. Zielgruppe Wie sieht der Auswahlprozess für Corporate Influencer aus?

Bei uns gibt es keinen Auswahlprozess, die Teilnahme am Projekt ist freiwillig und steht allen DATEV-Mitarbeitenden offen – vom Azubi bis zur Vorständin. Sobald sie sich zum Programm angemeldet haben, nehmen sie an einem Onboarding teil, vernetzen sich mit der Botschafter-Community und gehen auf ihre individuelle Lernreise durch unser umfangreiches Lernangebot. Von monatlichen Community-Meetings mit externen und internen Speakern, über umfangreiche FAQs und eine regelmäßige Rechtsberatung für Social Media, bis zu Social-Media-Schulungen.

3. Werte Welche drei Grundsätze sind für das Corporate-Influencer-Programm wichtig?

Unsere Botschafter:innen nehmen freiwillig unter Verwendung ihrer persönlichen Accounts am Programm teil, sind Social-Media-affin und eigenmotiviert und organisieren sich selbst.

4. Erfolgsfaktoren Welche Metriken werden in den nächsten 12 Monaten Erfolg für uns definieren?

Alle Ziele bzw. Aktivitäten der Botschafter:innen zahlen dabei auf eines oder mehrere der folgenden Primärziele ein:

- Steigerung des Images und der Bekanntheit von DATEV
- Verbesserung der Arbeitgeberattraktivität
- Förderung des Vertriebs
- Professionalisierung des Services in Social Media

Wir messen die Entwicklung des Botschafter-Programms und die Reichweite und Erreichung unserer Ziele mittels unseres Botschafter-Scores, den wir mit der Münchner Agentur Munich Digital erarbeitet haben.

5. Erfahrungen Was passiert bei den Corporate Influencern, das auf unsere Ziele einzahlt?

Zur Förderung des Vertriebs haben wir uns seit 2021 intensiv mit dem Thema Social Selling auseinandergesetzt und eine Community of Practice »Social Selling« gegründet. Diese Botschafter:innen posten nun zu DATEV-Programmen, Weiterbildungen und Consulting und tauschen sich mit unseren Mitglieder:innen und Kund:innen aus.

Zur Verbesserung der Arbeitgeberattraktivität posten seit Beginn des Programms Mitarbeitende selbst einige offene Stellen in ihren Bereichen, zudem spielen wir mehr Erfahrungsberichte unserer Mitarbeitenden, die einen authentischen Einblick über unsere Mitarbeitenden in das Unternehmen geben.

Mitarbeitenden gehen vereinzelt selbst in kritische Diskussionen, um den Service sowie die Softwareentwicklung dezentraler und ebenfalls authentischer zu präsentieren.

6. Rollen Welche unterschiedlichen Rollen können Corporate Influencer einnehmen? Wie ist das Verhältnis von Geben und Nehmen?

Unser Kernteam steuert und koordiniert das Programm. Außerdem coacht es die Botschafter-Community.

Bisher teilt sich die Community in Kolleg:innen, die schon länger dabei sind und einige Erfahrungen im Social-Media-Bereich sammeln konnten und Kolleg:innen, die neu im Programm sind und sich gerade ihr Know-how im Bereich Social Media und Corporate Influencing aneignen.

7. Regeln Welche Leitlinien und Grenzen helfen uns den Zweck der Corporate Influencer Initiative zu erzielen und unsere Werte darzustellen?

- Social Media Guidelines
- FAQs, die wir extra für das Programm mit einem Rechtsanwalt erarbeitet haben
- Rechte und Pflichten des Arbeitsvertrag
- Vertraulichkeitsklassen, die jederzeit einzuhalten sind

8. Steuerung Wie werden Entscheidungen im Corporate-Influencer-Programm getroffen? Wer entscheidet was?

Das Kernteam gestaltet die Rahmenbedingungen des Programms, das geschieht immer auch durch Input der Community. Die Botschafter:innen entscheiden selbst, wie sie die erlernten Skills umsetzen.

9. Kommunikation Was sind für uns die einfachsten internen Kanäle für das Corporate-Influencer-Programm, um miteinander zu kommunizieren?

- Monatliche Community-Treffen
- Social Intranet
- Mitarbeiter-App
- Wöchentlicher offener und freiwilliger Austausch

3.3.2 Corporate Influencer Canvas Nestlé

Corporate Influencer Canvas: Nestlé

Community Canvas community-canvas.org

1. Ziel Warum gibt es bei euch Corporate Influencer?

Begonnen hat unsere Ambassador-Plattform mit der Initiative verschiedener Kolleg:innen. Sie wollten ihre Geschichten, ihre Projekte und Learnings mit ihren Netzwerken teilen und fragten nach Unterstützung. So begann der Austausch mit dem Ziel, interessierte Kolleg:innen genau dazu zu befähigen und sie mit Rat und Tat zu unterstützen. Parallel dazu haben wir Mitglieder unserer Geschäftsführung als Ambassadors aufgebaut, auch als Motivation für die Kolleg:innen in ihren Bereichen.

2. Zielgruppe Wie sieht der Auswahlprozess für Corporate Influencer aus?

Einen strengen Auswahlprozess haben wir nicht. Entscheidend sind Interesse und Motivation der Kolleg:innen. Anhand einer Checkliste besprechen wir mit jeder/jedem Einzelnen, von welchen Themen sie berichten wollen, über ihre persönliche Perspektiven. Auch für das Update der jeweiligen Social-Media-Profile geben wir Hilfestellungen. Nach diesen ersten Schritten probieren sich die Kolleg:innen aus und so merken wir gemeinsam sehr schnell, ob das für sie funktioniert.

3. Werte Welche drei Grundsätze sind uns für das Corporate-Influencer-Programm wichtig?

Motivation – ohne eigene Motivation kann man kein Ambassador sein, alles andere wirkt aufgesetzt.

Persönlichkeit – aus der eigenen Perspektive entstehen die spannendsten Einblicke.

Freiheit – Botschafter:innen sind keine Bots, sie brauchen ihr Eigenleben und entscheiden selbst, was und wie sie berichten.

4. Erfolgsfaktoren Welche Metriken werden in den nächsten zwölf Monaten Erfolg für uns definieren?

Unsere Ziele lassen sich eher qualitativ statt quantitativ betrachten. Es geht uns nicht um die Reichweite oder das Engagement einzelner Postings. Wichtiger ist, dass wir unsere Ambassador-Plattform zielgenau unterstützen, z.B. in Form von 1:1-Coachings und uns austauschen, um gemeinsam zu lernen und zu wachsen. Gemeinsam vereinen unsere Ambassadors bisher über 100 000 Kontakte. Zusammen haben wir mehr als 2 500 Beiträge geteilt, was mehr als 95 000 Reaktionen zur Folge hatte; Tendenz steigend.

5. Erfahrungen Was passiert bei den Corporate Influencern, das auf unsere Ziele einzahlt?

Das Engagement der Kolleg:innen zeigt, wie wir bei Nestlé wirklich sind. Es macht das Unternehmen nahbarer und persönlicher. Es zeigt uns menschlich, mit Stärken und Schwächen. Häufig decken sich die Themen der Ambassadors mit denen, die wir aus der Unternehmenskommunikation kommunizieren. So ergänzen sich die unterschiedlichen Perspektiven.

Durch ihre Aktivitäten gewinnen die Kolleg:innen Sichtbarkeit – für sich, ihre Expertise und ihre Projekte. So beginnt an vielen Stellen ein spannender Austausch. Einige unserer Ambassadors wurden darüber auch schon als Speaker für Konferenzen oder für Podcasts angefragt.

Je persönlicher die Posts, desto erfolgreicher sind sie meistens. Unerreicht bleibt der Artikel eines Kollegen über sein Projekt, Smarties in 100 Prozent Papier zu verpacken: mit mehr als eine Million Ansichten, 10 000 Reaktionen und über 1.000 Kommentaren.

6. Rollen Welche unterschiedlichen Rollen können Corporate Influencer einnehmen? Wie ist das Verhältnis von Geben und Nehmen?

Unsere Ambassadors sind Botschafter:innen im besten Sinne des Wortes – für unser Unternehmen, aber auch für ihre Expertise und Themen.

Zum Start definieren wir gemeinsam mit den Kolleg:innen unterschiedliche Perspektiven nach ihren persönlichen Vorlieben, aus denen sie ihre Expertise, Projekte und Geschichten schildern.

Unsere Plattform lebt vom Austausch zwischen den Kolleg:innen, den wir bewusst fördern. Alle lernen von den Erfahrungen der anderen. So entsteht mehr als die Summe der einzelnen Teile.

7. Regeln Welche Leitlinien und Grenzen helfen uns den Zweck der Corporate-Influencer-Initiative zu erzielen und unsere Werte darzustellen?

Die Definition von Perspektiven und Themen gibt den Kolleg:innen die Sicherheit bei ihren ersten Schritten. Leitlinien sind außerdem unsere Social Media-Guidelines und der allgemeine rechtliche Rahmen für Corporate Influencer.

8. Steuerung Wie werden Entscheidungen im Corporate-Influencer-Programm getroffen? Wer entscheidet was?

Drei Kolleg:innen aus der Unternehmenskommunikation organisieren die Plattform – in Austausch und auf Feedback der Ambassadors.

9. Kommunikation Was sind für uns die einfachsten internen Kanäle für das Corporate-Influencer-Programm, um miteinander zu kommunizieren?

Für den Austausch unter den Ambassadors nutzen wir MS-Teams. Regelmäßige Treffen stärken die Community.

3.3.3 Corporate Influencer Canvas Otto

OTTO: Corporate Influencer Canvas

Community Canvas

1. Ziel Warum gibt es bei euch Corporate Influencer?

Wer kann Otto authentischer repräsentieren als die eigenen Mitarbeiter:innen? Wenn Otto-Kolleg:innen von ihrer Arbeit, ihren Themen und ihrem Team berichten, positionieren sie sich nicht nur selbst als Expert:in, sie haben auch die Möglichkeit, ihre:n Kolleg:in von morgen mitzurekruitieren.

2. Zielgruppe Wie sieht der Auswahlprozess für Corporate Influencer aus?

Bei uns gibt es keinen Auswahlprozess. Wir sehen das so: Jede:r ist bereits ein Corporate Influencer, wenn er/sie über seinen Beruf und Arbeitgeber spricht. Egal ob mit Freund:innen oder Bekannten, in sozialen Netzwerken oder auf Konferenzen und Veranstaltungen. Mit dem freiwilligen Corporate-Influencer-Programm geben wir unseren Kolleg:innen dafür einen Rahmen, einen Ort zum Austausch und regelmäßige Trainingsangebote.

3. Werte Welche drei Grundsätze sind für das Corporate-Influencer-Programm wichtig?

Grundsätzlich gilt: Alle können, niemand muss. Unser Programm basiert auf Freiwilligkeit, Leidenschaft und Vertrauen.

Jede:r hat unterschiedliche Interessen und Stärken. Unsere Profile und passenden Workshops können dabei helfen, noch besser über die eigenen Lieblingsthemen zu kommunizieren.

Unsere Corporate Influencer bieten einen persönlichen Einblick in ihre Arbeitswelt und begeistern auf ihre Art für Themen. Wir verbiegen niemanden – wir unterstützen mit Trainingsangeboten und Austausch, wo nötig und gewünscht.

4. Erfolgsfaktoren Welche Metriken werden in den nächsten zwölf Monaten Erfolg für uns definieren?

Wir messen unser Programm nicht quantitativ, sondern bewerten es qualitativ.

- Je eher sich Kolleg•innen selbst als Corporate Influencer sehen, desto besser ist uns die Aktivierung gelungen.
- Je leichter es den Corporate Influencern fällt, selbst authentischen Content zu entwickeln, desto besser sind unsere Schulungsangebote.
- Je aktiver unsere Corporate Influencer sind, desto mehr formen sie ein authentisches und nahbares Außenbild von Otto und stecken Interessent:innen mit ihrer Begeisterung an.

5. Erfahrungen Was passiert bei den Corporate Influencern, das auf unsere Ziele einzahlt?

Wir geben Corporate Influencern eine Bühne in einem neuen Look & Feel im Rahmen unserer neuen Employer-Value-Proposition. Dafür setzen wir auf einen konsequenten Einsatz von echten Mitarbeiter:innen. Sie selbst geben Auskunft darüber, wie es sich anfühlt, Teil von Otto zu sein.

Mit Dr. Frederike Fritzsche haben wir zum Beispiel die erste Corporate Influencerin in Vollzeit. Als Tech-Ambassadorin ist sie Übersetzerin für Tech-Themen nach innen und außen, mit dem Ziel, Menschen für Tech-Themen und die IT bei Otto zu begeistern. Dafür ist sie als Speakerin auf Konferenzen unterwegs, präsentiert in ihrem eigenen Videoformat »Tech Snack« Tech-Themen snackable auf Social Media, leitet die developHER (ein Tech-Weiterbildungsformat für Frauen), ist auf LinkedIn aktiv, hat den otto_tech-Twitter-Account übernommen und, und, und. Und damit sie diese Rolle entsprechend ausfüllen kann, unterstützen wir sie mit maßgeschneiderten Trainings,wie zum Beispiel ein individuelles Medientraining, Themenberatung oder Social-Media-Trainings.

6. Rollen Welche unterschiedlichen Rollen können Corporate Influencer einnehmen? Wie ist das Verhältnis von Geben und Nehmen?

Wir haben vier Profile ausgestaltet: Social-Media-Insider:in, Networker:in, Speaker:in und Writer:in und Co-Recruiter:in. Kolleg:innen müssen sich nicht fest einem Profil zuordnen, sondern können Workshops und Schulungen aus allen Bereichen besuchen. Wir geben unseren Corporate Influencern eine Anlaufstelle zum Austausch, zum Lernen und um Fragen zu stellen. Und sie können daraufhin mit Tipps und Tricks bestärkt über ihre Arbeit bei Otto erzählen.

7. Regeln Welche Leitlinien und Grenzen helfen uns den Zweck der Corporate Influencer Initiative zu erzielen und unsere Werte darzustellen?

Wir leben eine offene Kommunikationskultur, die eher auf Befähigung statt auf Begrenzung setzt. Durch Initiativen wie eine fulltime Tech-Ambassadorin oder sehr aktive Experts von Otto, die in höherer Frequenz kommunizieren, werden Vorbilder etabliert, anhand derer sich alle weiteren Corporate Influencer auch kommunikativ orientieren können. Unsere Kultur der Zusammenarbeit ist somit die wichtigste Leitlinie zur Sicherstellung unseres Erfolgs. Natürlich geben wir unseren Influencer:innen aber auch Social-Media-Guidelines, Bildmaterial o.ä. an die Hand.

8. Steuerung Wie werden Entscheidungen im Corporate-Influencer-Programm getroffen? Wer entscheidet was?

Im Corporate-Influencer-Kern-team sind Kolleg:innen aus dem Personalbereich und aus der Unternehmenskommunikation. Alle strategischen Entscheidungen werden zusammen getroffen. Die Inhalte der Workshops gestalten die Fachbereiche individuell.

9. Kommunikation Was sind für uns die einfachsten internen Kanäle für das Corporate-Influencer-Programm, um miteinander zu kommunizieren?

Für Absprachen im Kernteam nutzen wir Teams und eine gemeinsame Routine. Unsere Kolleg:innen erreichen wir über das Intranet, eine eigene Sharepoint-Seite, eine Yammer-Community, Networking-Events und themenspezifische Gruppenchats.

3.3.4 Corporate Influencer Canvas Swiss Life

Corporate Influencer Canvas: Swiss Life

Community Canvas
community-canvas.org

1. Ziel Warum gibt es bei Euch Corporate Influencer?

Mitarbeiterinnen und Mitarbeiter verbreiten Themen und Inhalte des Unternehmens selbstständig, auf persönliche Weise, über ihre privaten Kanäle. Sie werden zum Sprachrohr für ihr Unternehmen als Marke. Ihre Kommunikation nach außen ist damit persönlicher, direkter und authentischer.

Wir bei Swiss Life Deutschland sind überzeugt davon, dass alle Menschen die Möglichkeit haben sollten, ihr Leben selbstbestimmt zu führen – das gilt für Kundinnen und Kunden ebenso wie für Bewerberinnen und Bewerber, Fach- und Führungskräfte sowie das Management.

Genau dieses Selbstverständnis drücken immer mehr unserer Mitarbeitenden und Ambassadoren unter dem Hashtag **#proudtobeaswisslifer** im Social Web aus. Damit geben sie dem Unternehmen ein Gesicht und zeigen gleichzeitig, wie die Mitarbeitenden diese Werte im eigenen Leben konkret leben.

2. Zielgruppe Wie sieht der Auswahlprozess für Corporate Influencer aus?

Anfangs haben wir uns für einen linearen Prozess mit klassischen Pre-Info-Meetings, Anmeldeformularen und fester Zugehörigkeit zu je einer definierten Rolle entschieden. Allerdings haben wir schnell gemerkt: Rollen helfen uns zwar besser einzuschätzen, welcher Bedarf ein Ambassadorin bzw. ein Ambassador hat. Für die Ambassadoren selbst haben die Rollen jedoch eine stark nachgelagerte Bedeutung.

Zusammen mit unseren Ambassadoren haben wir uns in der Folge dafür entschieden uns weg vom klassischen Programm-Gedanken und hin zu einer Bewegung zu entwickeln. Alle Mitarbeitenden entscheiden jeweils selbst darüber, ob sie unseren Signature-Hashtag verwenden möchten. Durch die Teilnahme an unseren Nachhaltigkeits- bzw. Stiftungsthemen bestimmen allein die Mitarbeitenden, ob sie ihre Teilnahme an der Initiative eher unverbindlich oder besonders eng gestalten möchten.

3. Werte Welche 3 Grundsätze sind für das Corporate Influencer Programm wichtig?

Unser Motto ist unser Hashtag: **#proudtobeaswisslifer**. Dies steht für Werte wie Selbstbestimmung, Diversität und Inklusion, gegenseitige Wertschätzung und eine gelebte Fehlerkultur sowie Nachhaltigkeit. Und damit kommunizieren wir so klar wie selbstbewusst über Abteilungsgrenzen, Hierarchieebenen, Standorte und Unternehmensgrenzen hinweg:

Wir sind alle anders, aber alle gleichermaßen stolz, für Swiss Life (Deutschland) tätig zu sein und einen Beitrag dazu zu leisten, Menschen in ihrer Selbstbestimmung zu stärken.

4. Erfolgsfaktoren Welche Metriken werden in den nächsten 12 Monaten Erfolg für uns definieren?

Uns ist bewusst, dass sich unsere kommunikativen Aktivitäten nicht lückenlos nachverfolgen lassen. Frei nach dem Motto „Erfolg entsteht nicht erst auf dem Performance-Report" setzen wir aktuell auf folgende Indikatoren zur Erfolgsmessung:

- Förderung der Aktivitäten innerhalb der Community
- Promotion innerhalb von Swiss Life Deutschland
- Purpose-Positionierung nach außen
- Einbindung unserer Geschäftsleitung als Role Models

5. Erfahrungen Was passiert bei den Corporate Influencern, das auf unsere Ziele einzahlt?

Seit Beginn des Programms in Deutschland haben wir eine Reihe von Learnings generiert, die uns dabei geholfen haben, einen praxistauglichen Ansatz zu entwickeln, der zu unserer besonderen Situation passt.

Zu unseren wichtigsten Learnings gehören:

- Durchgehende Aktivierung ist einer der wichtigsten Hebel für dauerhafte Zufriedenheit und kontinuierliches Interesse.
- Ein Top-down-Approach funktioniert hier nicht. Erfolgversprechender ist ein Bottom-up-Ansatz, gerade um Ambassadoren die Möglichkeit zu geben, bequem Vorschläge zu unterschiedlichsten Unternehmensbereichen einbringen zu können.
- Ein klassisches Intranet allein reicht nicht aus, um systematisch Impulse zu setzen. Dazu braucht es eine Plattform, die eine derartige Aktivierung auch kontinuierlich unterstützt.
- Der Impact unserer Ambassadoren lässt sich nicht immer in unmittelbaren Zahlen messen, dafür aber in Zufriedenheit der Mitarbeitenden, beispielsweise als Word-of-Mouth-Spread (Mundpropaganda) sowie im Feedback, das uns unsere Kundinnen und Kunden (systematisch) geben.

6. Rollen Welche unterschiedlichen Rollen können Corporate Influencer einnehmen? Wie ist das Verhältnis von Geben / Nehmen?

Wir haben uns entschieden, drei kommunikative Rollen zu unterscheiden, die ihre Ausprägung in der Praxis auch in Mischformen finden:

Die **Socializer** sind jene Mitarbeitenden, die vor allem über ihre Corporate Experience berichten und eine hohe Motivation mitbringen, persönliche Einblicke in die zwischenmenschlichen Aspekte des Unternehmens zu geben.

Für die **Multiplikatoren** wiederum steht weniger der persönliche Aspekt und vielmehr der Wunsch im Vordergrund, andere über das Unternehmen und seine Leistungen zu informieren, ohne zwingend selbst vor die Kamera zu treten. Sie teilen gern vorproduzierte Unternehmensinhalte und senden durch Likes und Kommentare etc. überwiegend passive Impulse an ihr Netzwerk.

Ganz anders verhalten sich die **Experts**: Sie bieten ihrem Netzwerk einen Mehrwert, indem sie ihre Kompetenz und Erfahrung dafür einsetzen, aktuelle Branchenentwicklungen einzuordnen, Insights aus der Arbeitspraxis zu liefern oder komplexe, fachliche Themen verständlich aufzubereiten.

7. Regeln Welche Leitlinien und Grenzen helfen uns den Zweck der Corporate Influencer Initiative zu erzielen und unsere Werte darzustellen?

- Der konzernweite Code of Conduct bestimmt – neben den kulturellen Werten – unsere Zusammenarbeit im Unternehmen.
- Die Social Media Guideline skizziert u. a. die Mission des Unternehmens, liefert Antworten auf die wichtigsten Fragen aller Mitarbeitenden und nennt wichtige Kontaktpersonen.
- Darüber hinaus bilden unsere digitalen Lernformate, gemeinsame #LunchDates, interaktive Influencer-Challenges und unser (telefonischer) 1-on-1-Support ein Framework, dass unseren Ambassadoren maximale Flexibilität bei minimalem Aufwand bietet.

8. Steuerung Wie werden Entscheidungen im Corporate Influencer Programm getroffen? Wer entscheidet was?

Das Unternehmen macht den Mitarbeitenden keine Vorgaben über Inhalte oder die Kanäle, in denen Beiträge gepostet werden. Gleichzeitig sensibilisieren wir regelmäßig dafür mit jedweden Themen verantwortungsvoll zu agieren.
Eine so offene, auf Eigenverantwortung ausgelegte Bewegung bedarf regelmäßiger Impulse, um „genährt" zu werden. Dieser Aufgabe widmet sich vorwiegend unser kleines Stabs-Team.

9. Kommunikation Was sind für uns die einfachsten internen Kanäle für das Corporate Influencer Programm, um miteinander zu kommunizieren?

Neben einem MS-Teams-Kanal bieten wir unbürokratischen Support via E-Mail oder Telefon.

Darüber hinaus veranstalten wir im kommenden Jahr verstärkt regelmäßige Video-Calls und unterjährige Treffen.

3.3.5 Corporate Influencer Canvas der Telekom-Botschafter

Telekom Botschafter **Community Canvas**

Community Canvas

1. Ziel Warum gibt es bei euch Corporate Influencer?

Wir Telekom Botschafter haben eine positive Grundeinstellung zum Arbeitsleben und möchten diese teilen.

Hoch motivierte Botschafter:innen gestalten Aktionen, um internen sowie externen Magenta-Werkstolz zu zeigen, Kund:innen zu begeistern und Kolleg:innen zu inspirieren, um so das persönliche Gesicht der Telekom zu sein.

2. Zielgruppe Wie sieht der Auswahlprozess für Corporate Influencer aus?

Jede:r Mitarbeiter:in des Unternehmens kann Telekom Botschafter werden.

Um in die Community einzusteigen, ist es nötig, an einem Onboarding-Call teilzunehmen, die Aktivität mit der eigenen Führungskraft abzustimmen, sich einen Mentor zu suchen und ein paar Aufgaben zum Ankommen zu erledigen.

Ein zentrales Element ist die Selbstvorstellung anhand von acht Fragen, die als persönlicher Blogbeitrag im Social Intranet veröffentlicht wird. Nach der Vorstellung im Botschafter-Call wird man so Botschafter-Einsteiger:in

3. Werte Welche drei Grundsätze sind für das Corporate-Influencer-Programm wichtig?

Unsere Community lebt das Guiding Principle

»Wir sind die Telekom, auf uns ist Verlass«

Telekom Botschafter handeln

- eigenmotiviert,
- freiwillig,
- selbstorganisiert.

4. Erfolgsfaktoren Welche Metriken werden in den nächsten zwölf Monaten Erfolg für uns definieren?

Wir wollen »Geschichten des Gelingens« kreieren, die unsere Ziele in drei Dimensionen unterstützen:

- #LoveMagenta: Unternehmenswahrnehmung verbessern
- #WeWontStop: Kund:innen helfen und gewinnen
- #Werkstolz: Kolleg:innen motivieren und gewinnen

Die Basis und der vierte Erfolgsfaktor ist die »Innenvernetzung zu stärken, um nach außen wirken zu können.« Diese geschieht durch ein positives Mindset, Vernetzungs- und Lernformate.

5. Erfahrungen Was passiert bei den Corporate Influencern, das auf unsere Ziele einzahlt?

Jedes einzelne Mitglied kann durch Aktivitäten den Erfahrungsschatz der Community erweitern. Wir unterscheiden in **Mikro-** (meistens alleine und aus der Situation heraus), **Meso-** (gemeinsame, geplante Aktivität der Community) und **Makro-Interventionen** (koordinierte thematische Zusammenarbeit mit Fachbereichen).

Wichtig dabei: Egal, von welcher Größe oder Wirkkraft die Intervention ist, sie wird im Kreise der Community geteilt und wertgeschätzt. Folgende Container stehen dazu unter anderen zur Verfügung.

- Messenger-Kanäle zum Teilen von Content
- Wöchentlicher Call, in dem jede:r Teilnehmer:in über den #LoveMagenta-Moment der Woche berichten kann.
- Jährliches Treffen mit Retro über die persönlichen Highlights
- Monatlicher Newsletter von Botschafter:innen für Botschafter:innen
- Blogbeiträge über Aktivitäten der Community auf dem Corporate Blog

6. Rollen Welche unterschiedlichen Rollen können Mitglieder in unserer Community einnehmen? Wie ist das Verhältnis von Geben und Nehmen?

1) **Botschafter-Einsteiger:in** – zusammen mit einer/m Mentor:in beginnt die sechsmonatige Einstiegsphase, danach kann man
2) **Telekom Botschafter:in** werden, und damit festes Mitglied der Community.
3) Als **Kernteam**-Mitglied kümmert man sich um alle Belange und Aufgaben, die über die Botschafter-Rolle hinausgehen.

7. Regeln Welche Leitlinien und Grenzen helfen uns, den Zweck der Community zu erzielen und unsere Werte darzustellen?

Wir nutzen die bestehenden Guiding Principles des Konzerns, um unser Handeln danach auszurichten.

Neben der Social Media-Grundsätzen nutzen wir Lernformate wie den Social Media-Knigge, um Rahmenbedingungen unserer Arbeit zu teilen.

Basis der Tätigkeit sind die Rechte und Pflichten des Arbeitsvertrages, so z.B. die Treuepflicht (sich einsetzen für die Interessen des Unternehmens) und Verschwiegenheitspflicht (z.B. von als vertraulich eingestuften Informationen).

8. Steuerung Wie werden Entscheidungen getroffen? Wer entscheidet was?

Entscheidungen über Aktivitäten werden in der Selbstorganisation dezentral getroffen.

Das Kernteam hat sich darüber hinaus zur Aufgabe gemacht, an den Rahmenbedingungen für die Telekom Botschafter-Community zu arbeiten

9. Kommunikation Was sind für uns die einfachsten Kanäle, um miteinander zu kommunizieren? Was ist ein gesunder Rhythmus?

- Chatgruppen
- Social Intranet und Soziale Plattformen (inkl. Gruppen)
- Wöchentlicher Video-Call
- Persönliche regionale Treffen
- Jährliches Community-Treffen

3.4 Checkliste: Wie im Team als Corporate Influencer wirken?

Wie zu Anfang beschrieben: Wir sind der festen Überzeugung, dass sich die Kraft einer Corporate-Influencer-Community nur dann richtig entfalten kann, wenn sich eine Gruppe von Menschen findet (»Kernteam«), die **am** System statt **im** System arbeiten.

Insofern sind die wichtigsten Elemente für das Corporate-Influencer-Kernteam:

- Sprechen Sie eine Einladung aus und bilden Sie ein erstes Kernteam.
    - Nutzen Sie für diesen Aufruf ihr persönliches Netzwerk in Ihrer Organisation und sprechen Sie Kolleg:innen an, die Sie sich in der Rolle eines Kernteam-Mitgliedes gut vorstellen können.
    - Publizieren Sie den Aufruf im Social Intranet und lassen Sie sich überraschen, welche Persönlichkeiten sich melden. Machen Sie dabei klar, was das initiale Ziel der Corporate-Influencer-Initiative sein soll.

- Fragen Sie im Kernteam immer wieder, was Mitglieder der Community benötigen.
    - Umfragen sind eine gute Möglichkeit, die Bedürfnisse der Community-Mitglieder zu erheben.
    - Achten Sie besonders am Anfang darauf, dass die Community nicht durch die besonders lauten Mitglieder dominiert wird, weil oft die Leisen die besseren Ideen haben (siehe auch Kapitel 5 »Besser Scheitern« und Kapitel 7.1 »Mehr Vielfalt«)

- Entwickeln Sie mit diesem Kernteam eine gemeinsame Vision und teilen Sie diese mit der Community.
    - Achten Sie darauf, dass diese gemeinsame Vision nicht länger als eine Seite ist. Sie sollte nicht dem Topmanagement gefallen, sondern Kolleg:innen animieren, sich der Community anzuschließen.
    - Seien Sie einladend, machen Sie aber auch klar, wofür die Community nicht steht, um »die richtigen« Kolleg:innen anzusprechen.

- Fördern Sie die Innenvernetzung des Kernteams
    - Sorgen Sie für einen regelmäßigen Austausch des Kernteams.
    - Machen Sie immer wieder klar, dass es für dieses Kernteam darum geht, Strukturen zu schaffen, in denen Corporate Influencer ihre Passion und Fähigkeiten bestmöglich entfalten können.

- Definieren Sie im Kernteam Rollen und Aufgaben klar in den Dimensionen interne Kommunikation Richtung Corporate Influencer und externe Kommunikation über die Initiative. Mögliche Aufgabengebiete sind dabei zum Beispiel:
    - Organisation/Verwaltung: Protokolle, Listen, Projektmanagement
    - Menschen: Mentorenschaften, Vorbildfunktion, Vermittlung von Ansprechpartner:innen, besonderer »Draht« ins Netzwerk
    - Tools/Content: Vermittlung von fachspezifischen Inhalten, Hilfestellungen zu Tools, Entwicklung von Konzepten und Leitfäden
    - Strategie: (Weiter-)Entwicklung des strategischen Zielbilds, Verzahnung mit andern internen und externen Communitys und Fachbereichen

- Fördern Sie einzelne Corporate Influencer darin, sich für größere Aktivitäten in Arbeitsgruppen zu formieren – um mehr Power zu haben.
    - Es gibt starke Kräfte der Selbstorganisation in größeren Communitys. Dennoch ist es manchmal wichtig, aus dem Kernteam heraus mit zu unterstützen und auch die Richtung vorzugeben.

4

PERSON

1,9 Milliarden Websites gab es im Juli 2021 online.[41] Viele Organisationen und Unternehmen präsentieren sich darüber der Welt. Allerdings wirken die meisten Onlineangebote sehr statisch und machen wenig Lust auf Kommunikation und Interaktion. Die Homepages bilden das jeweilige Business ab, geben einen gewissen Überblick. Doch erst wenn die Unternehmensauftritte über die reine Markenkommunikation hinausgehen und ihre Mitarbeiter:innen einbinden, wirken sie lebendig und bieten erste kommunikative Anknüpfungspunkte.

Für viele Unternehmen ist die eigene Website längst eine Selbstverständlichkeit geworden. Einige verzichten jedoch noch immer darauf, ihre Mitarbeiter:innen als Ansprechpartner:innen mit Bildern und Kontaktdaten vorzustellen. Die Angst, auf diese Weise Abwerbungen der Vorgestellten durch andere Unternehmen zu riskieren, ist in vielen Branchen sehr groß und wirkt eher übertrieben.

Denn viele Angestellte kümmern sich gar nicht um die Ängste ihrer Arbeitgeber. Sie sind längst in Social Networks aktiv, bauen gezielt ihre Kontakte aus und sind so bereits für Headhunter präsent. Verbieten kann das ihnen niemand.

Hingegen profitieren Organisationen, die ihre Mitarbeitenden im Web einbinden. Wer ein Onlineangebot eines Unternehmens aufsucht, kann darüber zahlreiche Informationen über die Aktivitäten erhalten und die vorgestellten Beschäftigten näher kennenlernen. So ist es üblich geworden, die Geschäftsführung und die Kommunikator:innen mit persönlichen Bildern und Kurzprofilen vorzustellen. In vielen Organisationen gibt es einen Überblick über die jeweiligen Ansprechpartner:innen auf Team-Seiten oder im Bereich »Über uns«. Dabei legen viele sehr viel Wert darauf, ihre Mitarbeitenden authentisch zu präsentieren. Das wirkt sympathischer als eine abstrakte Website ohne Einblicke in die jeweilige Unternehmenskultur.

Für viele potenzielle Kunden ist die Unternehmenswebsite ein wichtiges erstes Informationsangebot. Bevor sie eine Zusammenarbeit erwägen oder etwas kaufen, informieren sich viele über Produkte und Services online. Dabei werfen sie auch einen Blick auf die Homepage und verschaffen sich darüber einen allerersten Eindruck von einer Marke. Über echte Mitarbeiterfotos wirkt eine Website einer Arztpraxis, eines Handwerksbetriebs oder eines Konzerns persönlicher und menschlicher als über Stock-Fotos mit Models, die eine eher künstliche Atmosphäre schaffen.

Auf diese Weise können Sie eine digitale Nähe zu Ihren Kunden herstellen. Darüber hinaus setzen immer mehr Unternehmen seit der Coronakrise auf Webinare oder andere Videoangebote, um mit potenziellen Kunden ins Gespräch zu kommen. Die Internetkommunikation gehört inzwischen für viele Menschen zum beruflichen oder privaten Alltag.

Wenn Sie sich über einen beruflichen Kontakt informieren wollen, können Sie dessen Namen googeln oder auf LinkedIn nachsehen, wie sich Ihr Ansprechpartner präsentiert. Bei einer solchen Recherche sehen Sie all die Impressionen, die jemand liefert. Oft entsteht dadurch eine bunte Informationsmischung, in der das Berufliche gar nicht so sehr vom Persönlichen zu trennen ist. Es entsteht ein allererster Eindruck vom anderen.

Der digitale Ruf zahlt auf die persönliche Reputation ein. In der Marketingtheorie gilt die Reputation dabei als Summe von Einzelerwartungen und -erfahrungen. Sie soll Auskunft über die Vertrauenswürdigkeit und Kompetenz eines Menschen oder Unternehmens geben, damit wir diese in unser Kalkül aufnehmen können.

4.1 Eine Personal Brand entwickeln

Jeder Mensch kann sich aktiv eine digitale Identität aufbauen. Sobald Sie ein Interview geben, in Social Media aktiv sind oder selbst Content publizieren, entsteht ein erster Eindruck von Ihrer Person. Falls Sie diese Information für Ihre persönlichen Ziele einsetzen wollen, können Sie sich selbst über Personal Branding sichtbarer machen.

> Als Personal Brand müssen Sie lernen, wie Sie über Content Aufmerksamkeit auf sich lenken und somit selbst einen beruflichen Erfolg erzielen können.

Wer sich nicht selbst als Personenmarke betrachtet, verschenkt ein enormes Entwicklungspotenzial. Je klarer Sie sich von anderen in Ihren Botschaften unterscheiden, desto besser werden sich Ihre Kontakte an Sie erinnern und auf Sie zurückkommen. Das können Sie beispielsweise sehr gut auf LinkedIn erproben, indem Sie dort regelmäßig kurze Beiträge veröffentlichen.

Der Aufbau einer solchen persönlichen Reputation erfolgt fast nie kurzfristig, sondern es bedarf einer kontinuierlichen, langfristigen Anstrengung eines Menschen. Niemand wird von einem Tag zum anderen zu einem (Corporate) Influencer oder zu einer Personal Brand. Dennoch glauben viele Menschen, es sei so einfach, Influencer zu werden, und träumen daher davon. Nur wenige nehmen wahr, wie viel Arbeit im Aufbau einer Personenmarke steckt. Wir nehmen die Influencer oft erst als solche wahr, wenn sie in der Aufmerksamkeitsökonomie weit oben angekommen sind.

Wer eine wahrnehmbare Personal Brand aufbauen will, muss dafür viel Zeit und Leidenschaft investieren, um sich selbst erkennbar, sichtbar und auffindbar zu machen. Das setzt ein großes Durchhaltevermögen voraus. Nicht jedermann nimmt sich die Zeit dafür, Blogartikel, LinkedIn-Postings oder Bücher zu schreiben, und produziert Videos, um seine Expertise zu unterstreichen. Entscheidend für den Erfolg einer Personenmarke ist immer die Wiedererkennung. Dafür ist die kontinuierliche Produktion von Content in allen seinen Varianten hilfreich.

Je stärker die Online- wie Offlineaktivitäten sichtbar werden, desto mehr Relevanz können einzelne Personen mit ihren Themen entfalten und letztlich auch Agenda-Setting in eigener Sache betreiben. Gerade zu Beginn des Personal Brandings ist es wichtig, positiv durch die eigene Content Creation aufzufallen. Es erfordert zudem eine gewisse Hartnäckigkeit, nicht bei ausbleibendem sofortigem Erfolg wieder auszusteigen.

4.1.1 Erste Schritte ins Personal Branding

Für die ersten Schritte ins Personal Branding ist die Auseinandersetzung mit folgenden Leitfragen hilfreich:

- **Positionierung**: Für welche drei Themen stehen Sie?
- **Differenzierung**: Was ist Ihre besondere Stärke?

- **Persönlichkeit**: Was macht Sie wiedererkennbar?
- **Content-Strategie:** Welchen Content wollen Sie produzieren?
- **Rhythmus**: Wie oft können Sie Content veröffentlichen?
- **Fokussierung**: Auf welchen Plattformen erreichen Sie Ihre Zielgruppen am besten?
- **Networking**: Wie viele neue Kontakte wollen Sie in einem Monat gewinnen?
- **Community:** Wie pflegen Sie Ihr Netzwerk?

Je mehr Zeit und Know-how Corporate Influencer in ihr Personal Branding investieren, desto eher werden sie mit dieser Strategie Erfolg haben. Das wirkt sich unmittelbar auf die Wahrnehmung innerhalb und außerhalb einer Organisation aus. Wer seine Expertise mit der eigenen Person gut verbunden hat, wird häufiger für Interviews, Fachbeiträge und Speaking Slots angefragt. Dabei ist uns besonders wichtig:

> Bezeichnen Sie sich nicht selbst als Personal Brand.

Der Status als Personal Brand wird einer Personen **zugeschrieben**, die sehr stark im Fokus einer (Branchen-)Öffentlichkeit steht und aufgrund der eigenen Expertise und Persönlichkeit als solche wahrgenommen wird. Sich selbst als solchen zu bezeichnen, ist eher kontraproduktiv. Dennoch kann jeder Corporate Influencer selbst darauf hinarbeiten, die eigene öffentliche Wahrnehmung zu schärfen und etwas für das eigene Personal Branding zu tun.

4.2 Employer Branding ist zentral für viele Unternehmen

Längst pflegen die Unternehmensmitarbeiter:innen ihre Kundenkontakte sowohl online wie offline. Wer kann es heute seinen Mitarbeiter:innen noch ernsthaft verbieten, in den sozialen Medien aktiv zu sein? Noch vor einem Jahrzehnt wurde häufig in Unternehmen darüber diskutiert, ob man das Social Networking durch ein Verbot unterbinden sollte. Aus heutiger Sicht erzeugt allein der Gedanke daran bereits starke Irritationen.

Für das Arbeitgeberimage sind die Mitarbeiter:innen von großer Bedeutung. Viele Unternehmen setzen auf Corporate-Influencer-Programme, um darüber auf ihr Employer Branding einzuzahlen, die Mitarbeiterzufriedenheit zu erhöhen und neue Bewerber:innen anzusprechen.

So hat der Onlinehändler Otto für sein »Jobbotschafter«-Programm über 200 Corporate Influencer ausgewählt, die in der digitalen Öffentlichkeit Einblicke in das Arbeitsleben bei Otto gewähren. Auf diese Weise wollte sich Otto von seinem alten Image des »Versandhändlers mit Katalog« lösen.

Immer wieder haben die Otto-Mitarbeiter:innen auf Konferenzen die Erfahrung gemacht, dass die Informationsveranstaltungen mit potenziellen Bewerber:innen sehr gut angekommen sind und sich positiv auf die Arbeitgebermarke auswirkten. Deshalb wollte das Hamburger Unternehmen nichts mehr dem Zufall überlassen und gezielt diese Gespräche über Jobbotschafter:innen offline wie online herbeiführen.

Die Bewerber:innen sollten so im Bewerbungsprozess über die Otto-Mitarbeiter:innen ein authentisches und persönliches Bild ihres künftigen Jobs erhalten und die Teams vorab kennenlernen. Aus diesem Grunde nehmen bei Otto die Jobbotschafter:innen auch an Bewerbungsgesprächen teil und geben im direkten Gespräch Antworten auf fachliche Fragen.

Der Arbeitsmarkt hat sich in einigen Branchen bereits so verändert, dass sich die Machtverhältnisse umgekehrt haben. Dadurch sind Unternehmen gezwungen, sich bei potenziellen Arbeitnehmer:innen zu bewerben. Eine platzierte Anzeige, eine Kampagne mit lächelnden Mitarbeiter:innen und das Eigenlob in Hochglanzbroschüren reichen nicht mehr aus, um Bewerbungen zu generieren.

4.2.1 Mehr Transparenz gefordert

Es ist also kein Wunder, dass viele Unternehmen über Social Media für eine gewisse Transparenz sorgen. So beschreiben beispielsweise einige Firmen über Video-Testimonials ihre jeweiligen Arbeitsplätze. Im Einerlei der Employer-Branding-Maßnahmen fallen die Unternehmen positiv auf, die neue Wege gehen und in der Personalgewinnung experimentieren, um darüber Aufmerksamkeit zu erhalten.

So hat die reformierte Kirche in der Schweizer Stadt Langenthal im Sommer 2021 aktiv auf LinkedIn und Instagram eine Stelle als Pastor:in beworben. Als eine der ersten Kirchen hat sie einen Podcast aufgesetzt, um deutlich zu machen, wie attraktiv dieser besondere Job in der kleinen Kirchengemeinde sei. Diese himmlische Stellenausschreibung ist weit mehr als eine Jobausschreibung. Sie schafft Transparenz über die konkreten Arbeitsbedingungen.

Um Nachwuchs zu gewinnen, setzt auch die Berliner Polizei auf Social Media. So veröffentlicht die Polizei regelmäßig Berichte über ihre Einsätze auf Twitter unter @polizeiberlin_E und erreicht auf diesem Wege weit über 410 000 Follower. Auf Instagram werden darüber hinaus Polizist:innen in ihrer alltäglichen Arbeitswelt vorgestellt.

Employer Branding sollte immer authentisch sein. Es lebt von den Mitarbeiter:innen, die vom Unternehmen selbst mehr Sichtbarkeit erhalten oder als Corporate Influencer aktiv sind. Eine Hochglanzästhetik funktioniert nicht gut, ihr vertrauen die Stakeholder nicht mehr. Viel besser ist es, die Mitarbeiter:innen selbst zu Wort kommen zu lassen und sie auf Social Media und anderen Plattformen zu unterstützen.

Dabei wird oftmals unterschätzt, wie wichtig die interne Kommunikation für das Employer Branding ist. Ein persönliches Miteinander ist in der Coronazeit für viele Organisationen bedeutender geworden. So hat beispielsweise die SAP im digitalen Raum für die Mitarbeiter Events mit virtuellem Grillen, Wein-Tasting und Varieté angeboten und dabei auf den ganzen Menschen gesetzt.

»Trotz der Belastung durch Corona, die wir alle im Alltag spüren, haben wir hier eine enorme ›Vermenschlichung‹ der Kultur erlebt«, meint SAP-Personalchef Cawa Younosi im Interview mit dem *NWX Magazin*.[42] So seien die Mitarbeitenden eben nicht nur in ihrer Funktion zu sehen, sondern sollten auch als Väter, Mütter, Tierbesitzer und Pflegende wahr- und ernst genommen werden.

In Social Media wie im analogen Leben sind die unterschiedlichen Rollen gar nicht mehr voneinander zu trennen. In unserer Gesellschaft ist es für die meisten Menschen selbstverständlich, unterschiedliche Rollen einzunehmen und diese auszuleben. Deshalb können Mitarbeitende sich unterschiedlich auf Facebook, Twitter, Instagram, TikTok, LinkedIn und Co. präsentieren. Auf LinkedIn könnte ein Corporate Influencer in seiner Vertriebsfunktion unterwegs sein, während er sich gleichzeitig aus privater Initiative heraus auf Instagram für veganes Leben einsetzt, was gar nichts mit seiner beruflichen Rolle zu tun haben muss.

Je persönlicher und nahbarer sich Personen auf den Social-Media-Plattformen und in der internen Kommunikation geben, desto eher entsteht ernsthaftes Vertrauen. Wir wollen echte Menschen erleben, diese sehen und verstehen lernen und eben nicht nur Fachleute zur Kenntnis nehmen. Darunter sind als Leuchttürme vereinzelt Personal Brands zu finden.

All das zahlt auf unsere kulturellen Werte ein, bindet Mitarbeiter:innen an ihre Organisationen und macht diese für Bewerber:innen spannend. Younosi und sein Team betreiben auf zahlreichen Social-Media-Kanälen viel Storytelling und erreichen damit für SAP sehr gut potenzielle Bewerber:innen, die sich heute ihr Arbeitsumfeld häufig selbst aussuchen können.

4.3 Wie Mitarbeitende zu Corporate Influencern werden

In manchen Unternehmen werden alle Mitarbeitenden als Corporate Influencer bezeichnet, ohne dass es dafür eine Strategie oder Unterstützung der Angestellten gibt. Dennoch wird erwartet, dass sie Unternehmensinhalte in Social Media verbreiten. So etwas funktioniert oft nicht besonders gut und kann zu erheblichen Missverständnissen in einer Organisation führen, die wir im Kapitel 4.8 »Klonkrieger:innen« näher erläutern.

So ein Vorgehen ist jedoch eher die Ausnahme. In der Regel werden Mitarbeitende von ihrer Organisation gefragt, ob sie es sich vorstellen können, Corporate Influencer zu werden – auf der Basis eines Auswahlprozesses (siehe Kapitel 3.2 »Arbeitsfelder«): Davon werden viele erst einmal überrascht. Denn der Begriff ist für die meisten etwas Neues. Aus diesem

Grunde müssen Unternehmen anfangs darüber aufklären, was sie sich unter Corporate Influencing vorstellen und was sie von Mitarbeitenden konkret erwarten.

Bei der Etablierung eines Corporate-Influencer-Programms ist es wichtig, die Bedürfnisse der internen Stakeholder zu kennen und potenzielle Corporate Influencer zu identifizieren. Von selbst werden Beschäftigte keine aktiven Corporate Influencer. Längst nicht alle verstehen sich selbst als Botschafter:innen einer Marke, selbst wenn viele von ihnen in Social Media aktiv sind. Mitarbeitende legen häufig viel Wert auf eine Trennung von Arbeit und Privatem.

Deshalb reagieren selbst erfolgreiche LinkedIn-Mitglieder, Instagrammer oder Twitterer zunächst skeptisch auf eine Anfrage durch eine Corporate-Influencer-Initiative. Den Angestellten ist zunächst unklar, was von ihnen konkret erwartet wird und wie sich das auf den Arbeitsalltag auswirkt. Sie fragen sich, ob sie als Corporate Influencer bestimmte Inhalte teilen müssen, ständig über das Unternehmen posten oder gar ihren Content zur Freigabe vorlegen sollen.

Auf diese Unsicherheiten und Vorbehalte sollten Unternehmen beim Aufbau eines Corporate-Influencer-Programms reagieren, in dem sie sich viel Zeit für die interne Kommunikation nehmen. An mehreren Beispielen aus der Unternehmenspraxis zeigen wir, wie solche Unsicherheiten und Vorbehalte beim Aufbau einer Corporate-Influencer-Initiative überwunden werden können.

Siemens

Erklären lassen sich die eben beschriebenen Reaktionen der Beschäftigten mit den Veränderungen in der jeweiligen Unternehmenskultur. Bei Siemens waren lange Zeit jegliche öffentlichen Äußerungen der Mitarbeiter:innen zum Konzern in Social Media ohne Abstimmung unerwünscht. Alles musste jeweils durch die Pressestelle freigegeben werden. Das änderte sich ab 2018 unter der damaligen Kommunikationschefin Clarissa Haller. Sie setzte auf das Vertrauen in die Beschäftigten, sorgte für eine Ausbildung in Social Media, schuf dafür die Kontrolle durch die

Kommunikationsabteilung ab. Letztlich hat Siemens lieber auf einen kontrollierten Kontrollverlust gesetzt, um dadurch eine höhere Wirkung in der digitalen Öffentlichkeit erzielen zu können.

Seither sind Corporate Influencer bei Siemens ein fester Bestandteil der Kommunikation, an der Mitarbeitende aus allen Bereichen des Unternehmens inklusive Topmanagement mitwirken.

Es ist ganz einfach: Wer bei Siemens Lust dazu hat, kann am Corporate-Influencer-Programm teilnehmen. Die Mitarbeiter:innen erhalten für ihre Social-Media-Aktivitäten Freiräume und werden durch Schulungen unterstützt. Zudem gibt es eine Siemens-interne Community, die von Kommunikationsverantwortlichen begleitet und betreut wird.

Zusammen hatten die Siemens-Botschafter:innen im Jahr 2020 rund 645 000 Follower und erzielten monatlich im Durchschnitt circa 64 Millionen Impressionen. Das ist eindrucksvoll im Vergleich zu den Reichweiten der Siemens-Unternehmenskanäle.

Beinahe noch wichtiger als diese Ergebnisse ist, dass viele Mitarbeiter:innen stärker motiviert werden, über ihre Arbeit bei Siemens zu berichten und als Corporate Influencer zu wirken. Das wird in der Siemens-Kommunikation als großer Erfolg gewertet.

IMC

Bei der IMC AG kann ebenfalls jede:r Mitarbeitende Corporate Influencer werden. IMC ist ein Saarbrücker Softwareunternehmen im Bereich E-Learning und digitale Weiterbildung. Es hat mehr als 300 Mitarbeiter:innen an zwölf internationalen Standorten und ist einer der führenden Full-Service-Anbieter für Learning-Management-Systeme. Die Kommunikatorin Nadine Kreutz ist verantwortlich für das Corporate-Influencer-Programm. »Wir haben die Ambassadoren nicht ausgesucht, das Programm beruht rein auf Freiwilligkeit. Wir haben es durch unseren Vorstand offiziell vorstellen lassen und sprechen darüber etwa bei den Welcome Days für alle neuen Mitarbeiter:innen«, erläutert sie uns im Gespräch.

Das Softwareunternehmen setzt großes Vertrauen auf seine Mitarbeitenden. Es gibt deshalb keine Ausschlusskriterien für angehende Corporate Influencer. So meint Kreutz: »Wer Lust darauf hat, kann bei uns Corporate Influencer werden. Allerdings gibt es auch keine zeitlichen Vorgaben und kein Zeitbudget. Die Ambassadoren entscheiden selbst darüber, wie viel Zeit sie investieren.« Hierbei setzt IMC auf die Eigenverantwortung ihrer Corporate Influencer.

Anfangs hat das Unternehmen über verschiedene interne Formate wie Webinare und Rund-E-Mails für das Corporate Influencing geworben. Dabei hat IMC auch auf die Unterstützung durch den Vorstand gesetzt.

TUI

Ähnlich ist der Touristikkonzern TUI vorgegangen: Bis Oktober 2017 sind alle großen europäischen Reiseveranstaltermarken in die Dachmarke TUI umbenannt worden. Das war für die Beschäftigten ein großer Schritt und brachte viele interne Veränderungen mit sich.

TUI hat sich für die Plattform LinkedIn entschieden, um darüber Kunden und andere Stakeholder anzusprechen. Dabei profitierte die TUI von Erfahrungen mit einer internen Social Media Academy, in der Vertriebsmitarbeiter:innen schon länger auf die digitale Welt vorbereitet worden sind. Daraus entwickelte die TUI eine »LinkedIn Masterclass«, die das Personal Branding der Mitarbeiter:innen fördern soll.

Stefan Siemon, Senior Manager Digital Communications TUI Group, erläuterte uns das Konzept der Masterclass: »Seit 2018 optimieren wir in Gruppen von 15 bis 20 Personen individuell LinkedIn-Profile, machen Profilbilder für die Angestellten, erstellen eine Content-Strategie und erklären die Rolle, die LinkedIn für die persönliche Karriere jedes einzelnen Teilnehmers spielen wird.«

Nach der Masterclass haben die Teilnehmenden die Möglichkeit, einer digitalen Chatgruppe beizutreten, um fortlaufendes Coaching und inhaltliche Anregungen zu erhalten. »Als Hashtag nutzen wir unterschiedliche Ansätze, unter anderem #DontStop-Dreaming in der Coronakrise – ein echtes Zusammengehörigkeitsgefühl über alle Ländergrenzen hinaus – oder #TUIlife«, so Siemon.

Mit dem Ergebnis ist der Kommunikator sehr zufrieden: »Das Masterclass-Konzept funktioniert durch internes Empfehlungsmarketing extrem gut: Über 2000 Kolleg:innen mit 25 Nationalitäten aus über zehn Ländern haben teilgenommen. Aber das Beste ist: TUI-Kollegen:innen aus der ganzen Welt interagieren, teilen Momente und verbinden sich. Ein echter Förderer einer gemeinsamen Kultur.«

DATEV

Der IT-Dienstleister DATEV aus Nürnberg hat rund 8000 Mitarbeiter:innen, davon sind mittlerweile rund 160 als Corporate Influencer aktiv. Gestartet ist das Projekt im Mai 2018. Sehr viel Wert wird dabei von Beginn an auf die Evaluierung der Initiative gelegt. Sie misst daher die Reichweiten und Zufriedenheit der Corporate Influencer und führt alle Daten regelmäßig in einem Score zusammen.

Wer bei der DATEV Corporate Influencer werden will, kann sich direkt bei den Ansprechpartner:innen melden. Dazu ruft die DATEV auf ihrer Website auf: »Du möchtest auch DATEV-Botschafterin oder DATEV-Botschafter werden? Wenn du DATEV-Mitglied oder Solution Partner bist, schreib uns gerne eine E-Mail. Wir, das DATEV-Botschafter-Kernteam, melden uns dann bei dir.«[43]

In seinem Blog erläutert Christian Buggisch, Leiter der Unternehmenskommunikation, wie sein Unternehmen die Corporate Influencer unterstützt: »Bei uns gibt es daher ein Kernteam von Ansprechpartnern [...]. Außerdem die Community der Influencer, die immer ansprechbar und auch digital erreichbar ist. Begleitet wird das Ganze künftig von Schulungsbausteinen [...] und von regelmäßigen Updates bei unseren Community-Treffen zu allen möglichen Themen [...].«[44]

LV 1871

Bei ihrem Corporate-Influencer-Programm setzt die Münchner Versicherung LV 1871 darauf, dass die Unternehmenskommunikation durch die eigenen Mitarbeiter:innen authentischer und emotionaler als die Unternehmenskanäle wirkt. Aus diesem Grunde hat die LV 1871 im Jahr 2018 eine Corporate-Influencer-Strategie entwickelt und dafür gezielt Beschäftigte angesprochen, für das Programm geworben und anschließend ausgewählt, wer am besten zur eigenen Content-Strategie passt.

Zu Beginn starteten 20 Expert:innen aus allen Unternehmensbereichen und publizierten auf ihren eigenen Social-Media-Accounts. Dabei teilten sie ihre persönlichen Themen, veröffentlichten aber auch etwas über ihre Erfahrungen im Arbeitsalltag und machten ihre Fachexpertise deutlich. Offline treten sie ebenfalls mit Vorträgen verstärkt als Expert:innen auf.

Die Kommunikationsarbeit wird bei der LV 1871 auf mehrere Schultern verteilt und dadurch vielfältiger. Die Schulungen werden bei der Versicherung über ein internes Zertifizierungsprogramm abgewickelt. Somit dürfen sich nur die ausgewählten Mitarbeitenden Corporate Influencer nennen, die als solche zertifiziert worden sind. Auf diese Weise wird gewährleistet, dass die Markenbotschafter:innen handwerklich gut aufgestellt sind und rechtssicher kommunizieren können.

Für ihre Kommunikation als Corporate Influencer erhalten die LV 1871-Mitarbeiter:innen Arbeitszeit zur Verfügung. Außerdem können sie regelmäßig an Schulungen und Networking-Events teilnehmen. Jeder Corporate Influencer wird dabei unterstützt, eine eigene Personenmarke auf- und auszubauen.

Otto

Beim Handelsunternehmen Otto gab es vor dem Start des Jobbotschafter-Programms in den beiden Eingangsbereichen große Screens hinter dem Empfang, auf denen eine Kampagne für Corporate Influencer lief. Außerdem wurde das Jobbotschafter-Projekt im Social Intranet vorgestellt. Über den Erfolg waren die Initiator:innen selbst überrascht: »Innerhalb von zwei Wochen hatten wir über 100 Anmeldungen«, erzählte uns die Otto-Kommunikatorin Eugenia Mönning. »Das waren weit mehr als erwartet. Wir dachten, da melden sich vielleicht 20 oder 30 Kolleginnen und Kollegen, die Lust haben mitzumachen, und dann waren es über 100.«

Nach dem Onboarding neuer Jobbotschafter:innen geht es bei Otto darum, diese mit geeigneten Trainings und Ansprechpartner:innen gut zu begleiten. Für Mönning sind Unterstützung und Vertrauen das A und O eines solchen Programms. Auch das Programm selbst wandelt sich. So wurden gerade vier neue externe Rollen definiert, die Jobbotschafter ausfüllen können (vgl. Kapitel 2.4 »Checkliste für neue Rollen in den Organisationen«).

Hays

Das Rekrutierungsunternehmen Hays hat vor einigen Jahren im Vertrieb auf Social Selling gesetzt, doch im Herbst 2021 sein Angebot mit einem Corporate-Influencer-Programm für alle Mitarbeitende ausgeweitet. Auf LinkedIn postete der Hays-Consultant Felix Thomas Schwarz im August 2021: »Klappe ab: Wir starten ein Corporate-Influencer-Programm!« Damit ging er bei Hays einen ungewöhnlichen Weg, indem er sich direkt an die Öffentlichkeit wandte.

Zunächst hat das Corporate-Influencer-Team beim Personaldienstleister konkrete Personas erstellt, um darüber spezifische Muster des gewünschten Nutzerverhaltens der zukünftigen Corporate Influencer zu definieren. »Basierend darauf leiteten wir ab, dass Mitarbeiter:innen eine intrinsische Motivation bezüglich der Teilnahme und der Durchführung aufweisen müssen, um sich für das Corporate-Influencer-Programm zu empfehlen«, erläuterte Schwarz, der bei Hays für die digitale Transformation verantwortlich ist. »Um im Rahmen unseres Vorhabens intrinsisch motivierte Mitarbeiter:innen zu finden, entschieden wir uns, ein Bewerbungsverfahren aufzusetzen, um jene Zielgruppe zu identifizieren. Wir ermöglichten es allen Mitarbeitenden positionsunabhängig bis zu einer definierten Hierarchiestufe, sich für eine Teilnahme an unserem Programm zu bewerben. Wir zielten darauf ab, eine weitestgehend repräsentative beziehungsweise diverse Bewerberschaft innerhalb unserer Organisation zu generieren.«

Dabei war die Kommunikation rund um das Corporate-Influencer-Programm seiner Meinung nach einer der erfolgskritischen Faktoren entlang der Bewerbungsphase.

»Es galt, wirksam zu kommunizieren, welchen Sinn das Programm stiftet, was die Rahmenbedingungen für eine Teilnahme sind und welche Erwartungshaltung an die Teilnehmenden gestellt wird. Basierend auf einer Analyse der durchschnittlichen Reichweite von Intranetbeiträgen in unserem Unternehmen, entschieden wir uns, über das Intranet hinaus via LinkedIn zu kommunizieren. Denn die Beiträge unseres Teams generieren dadurch ein eklatant Vielfaches an Reichweite.«

Mit den Ergebnissen ist Schwarz sehr zufrieden: »Der Mix aus Intranet -und LinkedIn-Kommunikation schaffte eine hohe Präsenz des Themas unter unseren Mitarbeitenden. Das Feedback, welches uns zugespielt wurde, war durchwegs positiv.«

4.4 Warum Corporate Influencer nicht mehr privat agieren

Milliarden Menschen kommunizieren mit ihren echten Namen in Social Networks miteinander. Für viele ist es völlig normal geworden, sich in der digitalen Öffentlichkeit zu zeigen. Das war in den Anfangszeiten des Internets noch anders. Die Maske der Anonymität diente vielen Onlinern in den ersten Communitys als Schutz vor Fremden. Doch das ist vorbei, was gar nicht so schlecht ist.

Je mehr ein Mensch von sich online offenbart und sichtbar wird, desto leichter ist es, eine gewisse digitale Nähe zu dieser Person herzustellen. Wenn jemand ein Selfie veröffentlicht, ist das eine Momentaufnahme, die auf die digitale Identität einzahlt, sie erlebbar macht.

4.4.1 Echte und persönliche Kommunikation ist gefragt

Von diesem neuen gesellschaftlichen Selbstverständnis, sich online zu präsentieren, profitieren Corporate Influencer. Von ihnen wird eine echte, persönliche Kommunikation erwartet. Wer fachlich und persönlich in Social Media überzeugt, kann seine Geschäftsbeziehungen sehr gut ausbauen und sich zu einem spannenden Ansprechpartner für seine Stakeholder entwickeln.

In der digitalen Welt ist das Zeigen von Persönlichkeit und Empathie zu einer wichtigen Voraussetzung für das erfolgreiche Arbeiten der Corporate Influencer geworden. Sie bewegen sich mehr als andere Mitarbeitende in der digitalen Öffentlichkeit und bauen über ihre Kommunikation ihre Netzwerke aus.

Wenn Menschen miteinander kommunizieren, entstehen enge Beziehungen durch das Vertrauen, welches wir einander gewähren. Vertrauen entsteht auch über die Contents, die wir von Corporate Influencern konsumieren und kommentieren. Je mehr wir andere ins Vertrauen ziehen und dabei Emotionen zeigen, desto eher stoßen wir auf Sympathien (vgl. auch Kap 2.2 »Communitys«). Das ist online nicht viel anders.

4.4.2 Arbeit und Leben sind transparenter geworden

Wer Angst vor der digitalen Öffentlichkeit hat, dürfte es beruflich in Zukunft eher schwer haben. Ohne dass wir es gemerkt haben, hat sich unser Arbeitsplatz längst virtualisiert. Wir telefonieren immer weniger, tauschen stattdessen kurze Nachrichten mit unseren Kolleg:innen über den Messenger unserer Wahl oder über das firmeninterne Social Intranet aus. War das direkte Onlinegespräch mit oder ohne Bildübertragung Anfang des Jahrtausends noch eher privat, hat es sich in der Coronazeit zu einem selbstverständlichen Businesstool gemausert, das gerne für die interne und externe Zusammenarbeit genutzt wird.

Ohnehin genügt es, Ihren Namen bei Google einzugeben, um einen allerersten Eindruck von Ihnen als Leser:in zu erhalten. Falls nichts zu finden sein sollte, müssen Sie sich in manchen beruflichen Gesprächen sogar rechtfertigen. Warum existieren Sie nicht im Netz? Ist Ihnen Ihr digitaler Ruf völlig egal? In der Regel gibt es viele Suchtreffer von Ihnen, die keine Rücksicht darauf nehmen, ob Sie beruflich oder privat Spuren im Internet hinterlassen haben.[45] Die meisten Menschen haben einen digitalen Zwilling, der ihr analoges Dasein mit all seinen Facetten und Rollen spiegelt.

Wie wir uns im Digitalen präsentieren und wie über unsere Person in Blogs, Podcasts und Social Media gesprochen wird, das wirkt sich auf unsere Reputation aus. Eine richtige Trennung der Offline- von den Onlineaktivitäten gibt es oft gar nicht mehr. Denn wenn Sie auf Events als Teilnehmer:in dabei sind, müssen Sie damit rechnen, fotografiert zu werden. Für Speaker gehört es längst zum Businessalltag dazu, dass Videoaufnahmen, Webinare, Audiomitschnitte und textuelle Wiedergaben im Netz zu finden sind. Einiges davon können sie autorisieren, aber die richtige Kontrolle darüber üben sie nur selten aus.

Denn die Zuhörer:innen und Zuschauer:innen eines öffentlichen Auftritts bilden sich ihre eigenen Meinungen und verbreiten diese über LinkedIn, Instagram, Twitter und Facebook in der digitalen Welt. Die Fremdwahrnehmung wirkt sich auf die Wahrnehmung und Reputation der Corporate Influencer direkt aus. Mediale Auftritte werden von vielen Menschen verfolgt und auf Social Media öffentlich verhandelt und interpretiert.

Prominente und Politiker:innen werden in der Öffentlichkeit gesehen, fotografiert und ins Netz gestellt. Als Personen der Zeitgeschichte müssen sie ohnehin einiges erdulden und profitieren gleichzeitig von der Aufmerksamkeit, die auf ihren Marktwert einzahlt.

Das wird einigen Corporate Influencern nicht anders gehen, sobald sie eine gewisse Reichweite erzielen und bekannter werden. Das hat für sie den Vorteil, im Businessumfeld wahrgenommen zu werden. Allerdings nehmen Businesskontakte auch die weichen Informationen über einen Corporate Influencer in der digitalen Welt wahr. Besonders auf Instagram und Facebook teilen viele in vermeintlich privaten Umfeldern Bilder und Videos aus ihrem Lebensalltag. Häufig verschwimmen hierbei die Grenzen zwischen privaten und beruflichen Themen.

Gleichzeitig wird eine **Kultur der Wertschätzung** immer wichtiger, in der die digitale Nähe nicht als Risiko, sondern als Chance wahrgenommen wird. Wenn Sie einem Corporate Influencer auf Social Media folgen, erfahren Sie sehr viel über dessen Persönlichkeit.

4.4.3 Corporate Influencer entscheiden selbst über ihre Kommunikation

Wer immer nur über sich spricht (schreibt) und nicht auf andere Menschen eingeht, darf sich nicht darüber wundern, wenn die persönlichen Reaktionen ausbleiben.

> Durch das Liken, Retweeten, Kommentieren von Beiträgen Ihrer Kontakte entsteht Ihr digitales Profil.

Ein solches digitales Profil geht weiter über die Informationen auf der Profilseite hinaus. Es spiegelt das Offline-Verhalten eines Menschen wider. So wird es den Besuchern der Seite leichter gemacht, einen Menschen einzuordnen und ein rudimentäres Verständnis von ihm zu entwickeln. Dadurch entsteht automatisch eine gewisse Nähe, die sich auf der Basis von vermeintlich banalen Informationen entwickeln kann.

Corporate Influencer müssen von sich **nichts Privates** veröffentlichen, allerdings zeigen Sie sich in der Regel auf Fotos und Videos. Dabei ist ihre **persönliche Erscheinung** kein Selbstzweck. Als Botschafter:innen sollten sie authentisch sein. Da gehört es selbstverständlich dazu, in die Öffentlichkeit zu gehen und die Rolle aktiv anzunehmen.

Jedoch muss niemand mehr von sich preisgeben, als er oder sie will. Jeder Corporate Influencer kann den fachlichen Fokus in den Vordergrund stellen. Auf Homestorys mit privaten Bilderwelten können sie dabei durchaus verzichten. Ihre Familie muss nicht Teil der öffentlichen Wahrnehmung sein. Das ist die persönliche Entscheidung jedes einzelnen Corporate Influencers.

Was ist in dieser neuen Welt noch privat? Wie scharf lässt sich die Arbeitswelt noch von der Freizeit trennen, wenn wir im Schlafzimmer oder in der Küche an beruflichen Videokonferenzen teilnehmen, weil die Coronakrise uns ins Homeoffice verbannt hat? Die Unterscheidung fällt nicht immer leicht. Während einige Corporal Influencer komplett darauf verzichten, ihre Familie und ihr privates Leben zu zeigen, gehen andere weiter und integrieren das in ihr Personal Branding.

Letztlich ist es immer eine individuelle Entscheidung. Sie bestimmen selbst darüber, was Teil ihrer persönlichen Inszenierung online ist und was zu ihrer Privatsphäre gehört und deshalb nicht präsentiert wird. Die Grenzen zur bloßen Selbstdarstellung lassen sich schnell überschreiten und schaden dem Wirken als Corporate Influencer dann eher.

4.5 Warum niemand Selbstdarsteller:innen mag

Wenn Menschen sich mit ihrer persönlichen Selbstdarstellung und ihrem Personal Branding im Netz auseinandersetzen, sorgt das oft für Verwunderung. Manchmal sorgt der Berufswunsch Influencer für Irritationen. So etwas wirkt naiv oder gar narzisstisch. Niemand soll sich hierzulande in den Vordergrund spielen, heißt es oft genug in unserer Gesellschaft. Zurückhaltung und Bescheidenheit werden positiver bewertet. Prominente Beispiele aus der Politik vertiefen diese Abscheu vor Selbstdarsteller:innen sogar noch.

So ließ der ehemalige US-Präsident Donald Trump nach der Veröffentlichung des Buchs *Feuer und Zorn. Im Weißen Haus von Donald Trump* von Michael Wolff seinem Ärger freien Lauf: Er twitterte: »In meinem Leben haben mich stets meine beiden stärksten Eigenschaften ausgezeichnet: meine mentale Stabilität und die Tatsache, dass ich richtig schlau bin.« Außerdem fügte er hinzu, dass die Tatsache, dass er es vom »SEHR erfolgreichen Geschäftsmann« bis zum Präsidenten der USA (»im ersten Anlauf«) geschafft habe, ein Zeichen dafür sei, dass er clever und »ein mental gefestigtes Genie« sei.[46]

Da Trump sich selbst als Genie, Held oder Influencer bezeichnete, musste er nicht lange auf Kritik warten. Eigenlob stinkt, heißt es schon im Volksmund. Jede Expertise leitet sich aus der persönlichen Kompetenz ab. Selbst ernannte Genies wie der begnadete Selbstdarsteller Trump stoßen hingegen auf großes Misstrauen. In Wolffs Buch sprechen viele ehemalige Weggefährten Trump die mentale Eignung für die Position eines Regierungschefs ab.

Was Trump in seiner Maßlosigkeit twitterte, das ist in der Social-Media-Welt leider gar nicht so selten. Immer wieder bezeichnen sich dort Einzelne als Expert:innen, Thought Leader, Influencer oder Ähnliches.

Wer derlei in seinem persönlichen Social-Media-Profil von sich selbst behauptet, tut sich damit keinen Gefallen und ist im Trump'schen Sinne nicht besonders schlau. Der Influencer ist im eigentlichen Sinne keine selbst gewählte Berufsbezeichnung und auch nicht durch eine Ausbildung zu erwerben, selbst wenn einzelne »Fortbildungen« diesen Anschein erwecken mögen.

4.5.1 Networking: Nur wenige legen Wert auf viele Kontakte

Der Aufbau eines großen Netzwerks wird noch immer mit Argusaugen beobachtet und führt dazu, dass es kritisch hinterfragt wird. Wofür benötigt jemand so viele Kontakte? Das ist doch oberflächlich. Und es sind doch keine echten Zahlen, heißt es. Ohnehin sei es doch besser, beim eigenen Netzwerk »auf Qualität« zu setzen. Damit begründen viele die Ablehnung eines systematischen Networkings und handeln eher zurückhaltend.

Selbst Corporate Influencer wollen in der Regel gar nicht ihre Kontaktzahlen in kurzer Zeit vervielfachen. Das hören wir in Gesprächen immer wieder. In einer LinkedIn-Umfrage ging Klaus Eck der Frage nach, wie viele neue Kontakte pro Woche jeweils hinzugefügt werden. Dabei kam heraus, dass von den rund 500 Teilnehmer:innen 70 Prozent maximal fünf neue Kontakte pro Woche hinzufügen (wollen). Weitere 20 Prozent vergrößern ihre Kontaktzahl wöchentlich gerade einmal um sechs bis zehn Personen. Bei 5 Prozent sind es immerhin elf bis zwanzig neue Kontakte. Nur 5 Prozent nehmen mehr als 21 Kontakte pro Woche in ihrem Netzwerk auf.

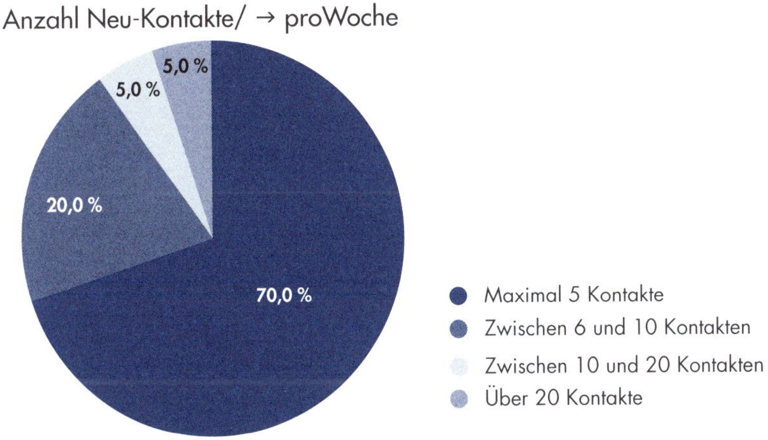

Abbildung 5: Anzahl der wöchentlichen Neu-Kontakte auf LinkedIn[47]

Wie die Umfrage verdeutlicht, verzichten viele Onliner lieber auf hohe Kontaktzahlen in Social Media. Den meisten Menschen ist ein langsames, organisches Wachstum lieber, weil sie eine höhere Qualität des Netzwerks bevorzugen. Oder sie haben sich eine interne Regel gegeben, dass sie nur Personen zu ihrem Netzwerk hinzufügen, die sie, zum Beispiel im Rahmen einer Konferenz, persönlich kennengelernt haben.

Gleichzeitig sollten Sie sich immer bewusst sein, wie eine geringe Zahl der Kontakte auf Dritte wirken könnte. Wer in der digitalen Öffentlichkeit steht und aktiv ist, wird dort genau beobachtet. In gewisser Weise drückt die Anzahl der Kontakte aus, wie erfolgreich jemand auf einer Social-Media-Plattform ist. Es ist zumindest einer der ersten Eindrücke, die jemand dort hinterlässt. Wer nur 100 Kontakte hat, wirkt nicht unbedingt wie eine »Personal Brand«.

Als Aufforderung zum allgemeinen Kontakte-Einsammeln sollte dieses jedoch niemand missverstehen.

> Entscheidend für den Erfolg im Personal Branding sind echte Beziehungen, die sich im Analogen wie Digitalen aufbauen und pflegen lassen.

Dabei genügt es auf LinkedIn beispielsweise schon, die Inhalte der Kontakte aufzurufen und darauf mit Likes und Kommentaren zu reagieren. Laut Robin Dunbar liegt die typische Anzahl der »Freund:innen«, die Menschen im Durchschnitt haben, bei rund 150.[48] Davon sind nur wenige intime und enge Freund:innen. Auf den Experten für menschliche Netzwerke geht die sogenannte Dunbar-Zahl 150 zurück, die einen Zusammenhang zwischen unserem Gehirnvolumen und der Größe einer Gruppe herstellt. Mehr als 150 Kontakte können wir meistens nicht aktiv pflegen. Aber wir können mit unseren lesenswerten Beiträgen in Social Media Anreize für die Kontaktaufnahme und Dialoge schaffen.

4.5.2 Wie die LinkedIn-Aktivitäten wahrgenommen werden

Mit Narzissmus und einem Drang zur Selbstdarstellung hat das Pflegen des eigenen Profils und Netzwerks wenig zu tun, aber durchaus mit Personal Branding. Sie machen sich wiedererkennbar, bauen eine digitale Identität auf, die sich durch Ihre individuelle Herangehensweise von anderen differenziert.

Wenn Sie jedoch auf eine **aktive Nutzung** Ihrer Profile verzichten, müssen Sie abwarten, ob jemand ohne jeglichen Anreiz auf Ihren digitalen Auftritt reagiert. Oft reicht dies nicht aus. Erst die selbst geposteten Inhalte machen ein Profil auf LinkedIn oder in einem anderen Netzwerk attraktiv.

Bisher nutzen nur sehr wenige Mitglieder in den Networks diese Chance. In der Regel posten laut Jakob Nielsen in Netzwerken 9 von 100 Mitgliedern hin und wieder etwas. Nur 1 Prozent ist sehr aktiv. Alle anderen schauen zu und bleiben überwiegend passiv.[49] Das macht es nicht leicht, einander kennenzulernen, und führt manchmal zu nervigen und unbeliebten Kontaktanfragen.

Kein Wunder, dass Journalist:innen wie Lisa Hegemann den Aktionismus mancher LinkedIn-Mitglieder kritisch betrachten. »LinkedIn ist das Business-Instagram – freundlich im Ton, aber hochgradig selbst beweihräuchernd«, schreibt sie auf *Zeit online* im Beitrag »LinkedIn: Ich bin nur für meine Marke hier« (23. Oktober 2020).[50]

Hegemann wundert sich darüber, dass die LinkedIn-Selbstdarsteller Beiträge, Artikel, Videos und Storys posten, in denen sie ihre berufliche Expertise übertrieben herausstellen. Dabei mahnt sie zu Recht an, wie verschleiernd mitunter die Marketingsprache einzelner Protagonist:innen ist. Längst nicht jede:r bietet in seinen LinkedIn-Inhalten »inspirierende Insights«.

Weiter heißt es im *Zeit*-Artikel: »Weil es sich niemand mit potenziellen Geschäftskontakten verscherzen möchte, ist [...] der Ton [...] zumeist freundlich und interessiert. Weil aber jeder irgendwas verkaufen will, [...] sind selbst Fans inzwischen abgetörnt.« Es verbreite sich »absurd schwachsinniger Content«.

Die reine Selbstdarstellung in Social Media wird von den meisten Menschen als sehr nervtötend empfunden. Wenn Corporate Influencer überwiegend über ihr »großartiges« Unternehmen berichten und alles ständig im schönsten Lichte darstellen, wirkt das wenig glaubwürdig. Auf der Businessplattform LinkedIn ist der Umgangston bislang meistens sehr höflich, kippt aber mitunter ins Lächerliche, wenn vom besten Team, grandiosen Projekten und den eigenen Leistungen geschwärmt wird. Mit Personal Branding hat diese Form der Selbstüberhöhung nichts zu tun.

4.5.3 Gute Corporate Influencer sind keine Selbstdarsteller:innen

Bei Corporate Influencern geht es nicht um die reine Selbstdarstellung und die eigenen Social-Media-Fähigkeiten, sondern um ihre **klare berufliche Positionierung**. Es geht gar nicht in erster Linie um die Person selbst, sondern um deren Kompetenzen und Fachkenntnisse. Über ihre Fähigkeiten und Kenntnisse machen sie sich als Personal Brands sichtbarer. Ihre Beliebtheit und Starqualitäten sind hingegen eher sekundär.

Wer regelmäßig auf LinkedIn über seine Fachthemen berichtet und dort erkennbar seine Expertise zeigt, dem vertrauen die Mitglieder dieses Businessnetzwerkes eher. Auf diese Weise können die Expert:innen sehr gut ihr persönliches Netzwerk ausbauen und zu Personal Brands werden. Von deren Reichweite profitiert dann auch das Unternehmen.

4.6 Wie Corporate Influencer als Personal Brands wirken

In der Businesswelt gibt es zahlreiche bekannte Expert:innen. Doch nur selten werden sie als Corporate Influencer gesehen. Das ist nicht weiter tragisch. Denn entscheidend für ihre öffentliche Wahrnehmung ist die fachliche Expertise, die auf die Personen- und Unternehmensmarke einwirkt.

Als einer der bekanntesten Markenbotschafter gilt seit der Jahrausendwende Robert Scoble, der mit seinen Blog-, Video- und Twitter-Aktivitäten seine Kompetenzen deutlich gemacht hat. Der Technologieblogger war lange Zeit Microsofts Corporate Evangelist und Mitautor des Buches *Naked Conversations*.

Durch seine Social-Media-Aktivitäten hat Scoble Microsoft offener und glaubwürdiger gemacht. Er hat bis 2006 die Produkte seiner damaligen Firma in Blogs, Podcasts und Videopodcasts geschickt promotet, aber dabei auch nicht mit Kritik gespart. Seinen persönlichen Blog »Scobleizer« führt der vermutlich bekannteste Ex-Mitarbeiter Microsofts noch immer weiter. Damit, sowie über seine Social-Media-Aktivitäten, hat er sein Personal Branding brillant weiterbetrieben. Bei Google-Recherchen stoßen Onliner nach wie vor auf seine alten Microsoft-Aktivitäten, die sich immer noch positiv auf das Unternehmensimage auswirken und dokumentieren, was eine einzelne Person selbst als Ex-Mitarbeiter und Markenbotschafter leisten kann.

Der amerikanische Begriff »Corporate Evangelist« spielte um die Jahrtausendwende eine große Rolle in der IT-, Software- und Internetwelt. Er betont die Leidenschaft einzelner Expert:innen, die für ihr Thema brennen und die »frohe Botschaft« in der Welt verbreiten. Meistens sind Firmengründer:innen und CEOs als Technologie-Evangelisten bezeichnet worden, darunter Bill Gates, Steve Jobs und Mark Zuckerberg.

Der Begriff »Evangelism« stammt ursprünglich vom Mundpropaganda-Experten Guy Kawasaki.[51] Er benutzt den Terminus »Corporate Evangelists« als Bezeichnung für Unternehmensmitarbeiter:innen, die als Sprachrohr gegenüber Kunden auftreten, sich leidenschaftlich auf deren Bedürfnisse einlassen und zu ihnen eine persönliche Beziehung aufbauen. Letztlich besteht ihre Aufgabe nach seinem Verständnis darin, den Dialog mit Markenfans zu intensivieren, um darüber die Markenbekanntheit zu steigern. An diese Tradition knüpfen Corporate Influencer an.

Corporate Influencer sind auch wie die Technology Evangelists Expert:innen, die sich für technologische Trends ihrer jeweiligen Branche interessieren und ausgeprägte kommunikative Fähigkeiten haben. Sie sind auf LinkedIn, in Foren und auf Konferenzen zu finden. Auf LinkedIn bezeichnen sich in Deutschland so mehr als 2000 Personen als Technology Evangelists.

Christoph Bauer hat seit vielen Jahren als Trendscout gearbeitet. Er ist Innovation Evangelist bei der Versicherungsgruppe Société Générale. Für ihn besteht seine Rolle darin, die »frohe Kunde der Innovation« zu verbreiten: »Dies fängt beim Informieren der Kolleg:innen an, geht über die Ideenfindung und Hilfestellung bei der Anwendung von innovativen Technologien und Methoden bis zur letztendlichen Umsetzung und Sichtbarmachung von Projekten.« Evangelisten müssen die Speerspitze sein, sich mit unterschiedlichsten Themen auseinandersetzen und viel im Austausch mit diversen Ansprechpartnern im und außerhalb des Unternehmens stehen.

In dieser Tradition stehen auch Corporate Influencer: Sie dienen ebenfalls als Info-Scouts und können die gesammelten Erfahrungen mit ihren Kundenkontakten wieder in ihre Organisation weitergeben.

> Corporate Influencer sind die Augen und Ohren der Organisation in der Öffentlichkeit.

Um diese Rolle übernehmen zu können, sollten Corporate Influencer nicht nur extern gut vernetzt sein, sondern auch den Draht in die (Formal-)Organisation haben. Nur so können sie als Info-Scouts für die Organisation wirksam werden. Neben allen Monitoring- und Screening-Tools können der menschliche Blick und die Fähigkeit, ein Thema schnell einordnen zu können, für die Organisation Gold wert sein.

Das Zusammenspiel mit dem Netzwerk ist für Corporate Influencer von großer Bedeutung. So haben Corporate Influencer die Möglichkeit, sich über ausgewählte Themenfelder zu positionieren, indem sie regelmäßig darüber berichten, einen Mehrwert beisteuern und ihre Kontakte inspirieren. Wenn es ihnen gelingt, in dieser Rolle zu überzeugen und ihr Netzwerk auszubauen, steigen Reichweite und Wirkung nach und nach.

Personal Branding sollte jede:r deshalb als Prozess verstehen. Als Personenmarke kann sich jede:r etablieren, muss dafür aber entsprechende Leistungen erbringen. Nur wer regelmäßig veröffentlicht, kann sein Personal Branding ausbauen. So formuliert Frank Behrendt, Geschäftsführer von Serviceplan Public Relations und Buchautor, sehr treffend:

> »Wenn sich keine Sau für dich und das, was du schreibst, interessiert, gibt es dich faktisch im Netz nicht.«

Corporate Influencer sollten deshalb keine Scheu davor haben, für etwas einzustehen und ihre persönliche Meinung deutlich zu sagen. Dadurch erzielen sie eine gewisse öffentliche Aufmerksamkeit. Es lohnt sich, mutig zu sein und sich in Debatten einzuschalten und zu einzelnen (fachlichen) Themen klar Stellung zu beziehen. Von Vordenker:innen und Personal Brands wird das sogar erwartet.

»Mr Media« Thomas Koch, Unternehmer und Blogger, empfiehlt sogar: »Du musst ›Du‹ und besser sein als die meisten oder dir mehr Mühe geben als andere. Deine Meinung, Haltung oder Qualität müssen einzigartig sein. Und du musst stets wiedererkennbar sein (Schnurrbart, Irokesenschnitt, rote Krawatte oder Fliege). Du musst also eine Marke werden mit all ihren typischen Attributen.«

Das Influencertum ist nicht umsonst. Wenn Sie eine wahrnehmbare Personal Brand werden wollen, müssen Sie viel Zeit und Leidenschaft investieren, um sich selbst erkennbar und auffindbar zu machen. Das setzt ein großes Durchhaltevermögen voraus. Nicht jedermann nimmt sich die Zeit dafür, in Social Networks aktiv zu sein, schreibt Blogartikel oder Bücher und macht Podcasts, um seine Expertise zu unterstreichen.

4.7 Social CEO: Welche Rolle Vorständ:innen und Geschäftsführer:innen in der Kommunikation übernehmen

In der Coronakrise erlebten die Regierungen weltweit einen Informations- und Vertrauensbankrott. Das zeigt das Edelman Trust Barometer von 2021. Das Vertrauen in Politiker:innen war auf einem Tiefpunkt angekommen. Stattdessen erhofften sich viele eine Lösung von der Wirtschaft. Drei Viertel der rund 34 000 Befragten der Studie verlassen sich lieber auf Unternehmen. Fast zwei Drittel vertrauen lieber dem eigenen CEO. »Das ist fast wie im Mittelalter, wo die Menschen auch nur dem trauten, was sie aus ihrer unmittelbaren Nähe kannten«, meinte der Edelman-Chef Richard Edelman bei der Vorstellung des Trust Barometers.[52]

Durch den Vertrauensbonus wird den Unternehmenslenker:innen mehr gesellschaftliche Verantwortung zugeschrieben, der sie persönlich gerecht werden müssen, wenn sie keine Erwartungen enttäuschen wollen.

4.7.1 Die gesellschaftliche Verantwortung der Führungskräfte

So sollten CEOs sich laut der Studie häufiger zu gesellschaftlichen Themen wie den Auswirkungen der Pandemie, der Automatisierung von Arbeitsplätzen und gesellschaftlichen Problemen wie Rassismus zu Wort melden. Auch in dieser Hinsicht wird von ihnen »Leadership« erwartet.

Der ehemalige Siemens-CEO Joe Kaeser ist ein positives Beispiel dafür gewesen, weil er sich mit einer klaren Haltung via Twitter gegen den Rechtsradikalismus gestellt hat. Im Mai 2018 twitterte er aus einer Flughafenlounge: »Lieber ›Kopftuch-Mädel‹ als ›Bund Deutscher Mädel‹. Frau

Weidel schadet mit ihrem Nationalismus dem Ansehen unseres Landes in der Welt. Da, wo die Hauptquelle des deutschen Wohlstands liegt.«[53] Das wirkte authentisch und war nicht mit seinen Kommunikator:innen abgestimmt. Der Beitrag erhielt vielleicht auch gerade deshalb eine große positive Medienresonanz, in der vor allem über die Rolle der CEOs in Gesellschaftsfragen diskutiert worden ist. Eine solche klare Haltung eines Vorstands hatten zuvor viele in Deutschland vermisst.

Von Unternehmen wird in der öffentlichen Debatte inzwischen eine stärkere Rolle und Verantwortung erwartet, fand die Kommunikationsberatung FleishmanHillard im Frühjahr 2021 in ihrer Studie »Authenticity Gap 2021«[54] heraus. Hanning Kempe, CEO von FleishmanHillard Deutschland, meint dazu: »Die Zeiten des geschliffenen Marketingsprechs sind endgültig vorbei. Was zählt, sind authentische Inhalte, getragen von authentischen Personen. Der Unternehmensführung und insbesondere dem CEO kommt dabei eine wesentliche Rolle zu.«[55]

Zwei Drittel der Befragten sind der Meinung, dass CEOs zu Umweltthemen und politischen Veränderungen aktiv Stellung beziehen sollten. Zudem wollen knapp zwei Drittel der Verbraucher:innen, dass sich Führungskräfte für Vielfalt, Gleichberechtigung und Inklusion in der internen wie externen Kommunikation starkmachen.

4.7.2 Die besondere Rolle von Führungskräften in der Coronakrise

Gerade in Krisenzeiten sind Geschäftsführer:innen als inspirierende Vorbilder gefragt, die die neuen Kommunikationsmöglichkeiten ernst nehmen und nutzen. Dennoch tun sich viele Führungskräfte noch immer mit Aktivitäten auf LinkedIn, Twitter und anderen Social-Media-Plattformen schwer. Einige delegieren die Kommunikation lieber an die vermeintlich zuständige Abteilung. Doch das ist ein großartiges Missverständnis. Worin besteht denn typischerweise die Aufgabe eines CEOs? Der/Die Chief Executive Officer, Vorständ:in oder Geschäftsführer:in prägen die Strategie, die Unternehmenskultur und setzen Unternehmensziele. Darüber hinaus sind sie auch für die Außenkommunikation und die Bildung von Netzwerken verantwortlich.

Besonders in Krisenzeiten ist die persönliche Haltung von Führungskräften von enormer Bedeutung. Ein:e CEO ist in der Regel das Gesicht der Krise und gibt mit den eigenen Botschaften ein wenig Orientierung und Hilfestellung.

Damit reagierten Unternehmen auf die Angst und das spezifische Wissensbedürfnis vieler Menschen. Für die meisten stellte der Beginn der Coronakrise eine große Überraschung dar, die zugleich viele Führungskräfte überforderte. Anfangs sind 2020 alle vom Shutdown überwältigt und verunsichert worden. Jeder musste sich von heute auf morgen mit einer neuen, bisher unbekannten Normalität arrangieren und den eigenen privaten und beruflichen Alltag neu gestalten. In dieser Krisensituation bestand die Aufgabe des Managements darin, den eigenen Mitarbeiter:innen hilfreich beiseitezustehen und ihnen bei der persönlichen Orientierung zu helfen. Hierbei kam der digitalen Kommunikation intern wie extern eine neue, große Bedeutung zu.

Das Vertrauen in die Entscheider eines Unternehmens ist laut einer Corona-Analyse des Edelman Trust Barometers sehr groß.[56] Deshalb kommt es hierbei auf die persönliche Haltung von Führungskräften an. Sie müssen offen, transparent und schnell auf die Fragen ihrer verunsicherten Mitarbeiter:innen und Kund:innen reagieren. Wer sich hingegen in schlechten Zeiten wegduckt und nicht richtig auf die Fragen reagiert, verspielt damit eine große Kommunikationschance und zahlt negativ auf die eigene Reputation ein.

Positiv sind in der Coronakrise vor allem die Entscheider:innen aufgefallen, die sich um ihre Mitarbeiter:innen in der internen Kommunikation gekümmert, gesorgt und persönlich engagiert haben. Als eine dieser Initiativen sind #LikendeAngestellte als gutes Beispiel zu nennen. Der aus dem Wortspiel mit »Leitende Angestellte« entstandene Hashtag wird von Führungskräften genutzt, die sich und Mitarbeiter:innen auf neue Art und Weise führen wollen. Sie sagen einfach einmal mehr »Danke« und zeigen ihre Wertschätzung von Kolleg:innen im öffentlichen Raum.

4.7.3 Vorstände erhalten mehr Aufmerksamkeit in der Öffentlichkeit

Auch ohne eine Coronakrise stehen Vorständ:innen unter öffentlicher Beobachtung. Oftmals wird die Bewertung eines Unternehmens mit dem Erfolg eines CEOs gleichgesetzt. Dieser verkörpere nun einmal eine Organisation am besten, heißt es. Es wird oftmals ein direkter Zusammenhang zwischen einer CEO-Persönlichkeit und dem Unternehmensimage hergestellt.

Je prominenter ein:e Geschäftsführer:in oder Gründer:in ist, desto häufiger gibt es eine Berichterstattung über das Unternehmen. Deshalb sollte es Ziel einer CEO-Kommunikation sein, die Bekanntheit des CEOs zu steigern, dessen digitales Netzwerk zu vergrößern und zu nutzen. Das erleichtert einem Unternehmen den Zugang zu den Medien und ermöglicht es, eigene Unternehmensthemen besser auf die öffentliche Agenda zu setzen und darüber die Reputation zu stärken.

Vorstände stehen im Blickfeld der Medienöffentlichkeit und sind in gewisser Weise die ersten Corporate Influencer überhaupt. Denn ihre Statements haben in der Regel sehr viel Gewicht. Sie werden wahrgenommen, aufgegriffen und verbreitet. Vor allem Wirtschaftsmedien bevorzugen in ihrer Berichterstattung Persönlichkeiten. Darüber lassen sich Geschichten wesentlich besser erzählen. Gefragt sind Vordenker:innen, die für Themen stehen, idealerweise das Storytelling beherrschen und zudem keine Scheu vor kleinen Provokationen haben. Es geht bei alledem nicht um die private Inszenierung eines Chefs oder einer Chefin und einem Tanz auf dem Ball der Eitelkeiten, sondern um die unternehmerische Tätigkeit der Führungskräfte.

Das erleichtert einem Unternehmen den Zugang zu den Medien und ermöglicht es, eigene Unternehmensthemen besser auf die öffentliche Agenda zu setzen und darüber seine Reputation zu stärken.

»Es wird von CEOs erwartet, Hauptlieferant von Content für ihr Unternehmen zu sein. Social Media ist ein effizientes und einnehmendes Kommunikationswerkzeug, um Informationen zu vermitteln. Die Befragten assoziieren Präsenz in sozialen Netzwerken mit Führungskompetenz«, meint Leslie Gaines-Ross, Chief Reputation Strategist bei Weber Shandwick.[57]

Dabei gehört eine gute Social-Media-Kommunikation zu den Soft Skills, die wir heute von Führungskräften erwarten sollten. Wer Social Media immer noch ignoriert, vergibt sich zahlreiche Chancen in der Unternehmenskommunikation.

4.7.4 CEOs nutzen Social Media zurückhaltend

Im deutschsprachigen Raum sind nicht allzu viele Geschäftsführer:innen und Vorständ:innen auf Social Media aktiv. Damit vergeben viele von ihnen die Möglichkeit, ihre eigenen Argumente ungefiltert vorzutragen. Einzelne CEOs zeigen, wie sie geschickt ihre digitalen Reichweiten auf LinkedIn, YouTube oder Twitter zu nutzen wissen.

Die Social-CEO-Beispiele sind in Deutschland eher rar gesät. Laut der Strategieberatung Oliver Wyman nutzten bis Ende 2020 nur 37 Prozent der Vorstandsvorsitzenden von Dax-Unternehmen Twitter, LinkedIn oder Xing.[58] Die Kommunikationsberater:innen von Palmer Hargreaves haben herausgefunden, dass von den Chef:innen der 100 im Dax, TecDax und MDax vertretenen Unternehmen immerhin schon 53 auf LinkedIn aktiv sind.[59]

Zu den bekanntesten Social CEOs zählen hierzulande der VW-CEO Herbert Diess, Tim Höttges, CEO der Deutschen Telekom, Oliver Bäte, Vorstandsvorsitzender der Allianz SE, Tina Müller, CEO bei Douglas, Christian Klein, CEO bei SAP, und Miriam Wohlfahrt, CO-CEO bei Banxware.

Die Zurückhaltung vieler Vorstände im DACH-Raum liegt auch an einem Missverständnis. Viele Führungskräfte glauben, dass sie in ihrer Rolle auf Social Media möglichst viele Fans und Follower generieren müssten. Dabei sehen sich einige sogar im Wettbewerb mit ihren Mitarbeiter:innen und wollen zumindest größere Reichweiten als diese erzielen. Die Angst ist groß, dadurch zum Selbstdarsteller in eigener Sache zu mutieren. In Wirklichkeit geht es jedoch um ihre fachliche Kompetenz und um ihre

Führungsrolle. Homestorys braucht vielleicht die Boulevardpresse, aber sonst niemand.

Wenn ein:e CEO Einblicke in sein/ihr Privatleben gewährt, ist das eine persönliche Entscheidung, die durchaus jemanden menschlicher erscheinen lassen kann. In der Social-Media-Welt ist es verführerisch, Privates preiszugeben. Denn emotionsgetriebene Inhalte erhalten in der Regel viel Aufmerksamkeit und sorgen oft für Sympathie. Mehr als unterhaltsam sind sie jedoch nicht, es fehlen hierbei echte Mehrwerte in der Kommunikation.

Deshalb stoßen Fotos von Katzen, Hunden, Babys sowie Impressionen aus dem Urlaub eines Vorstands immer auf gespaltene Reaktionen und werden in der Wirtschaftspresse eher negativ bewertet. Die zahlreichen Likes und das gestiegene Engagement um die jeweiligen Postings bezahlen einige Vorstände mit ihrer fachlichen Glaubwürdigkeit und Reputation. CEOs sollten daher immer berücksichtigen, auf welche Ziele ihre Postings jeweils einzahlen sollen. Was bringt ein Hundebild mit 3000 Likes? Worauf zahlt es ein? Populäre Inhalte werden von Vorständen nicht unbedingt erwartet. Um den Kampf um Aufmerksamkeit sollte es für eine:n CEO nicht gehen. Stattdessen geht es eher darum, mit relevanten Themen die richtigen Menschen zu erreichen. Dazu gehören interne wie externe Stakeholder.

4.7.5 Authentische Kommunikation versus Ghostwriting

Neben dem hohen Risiko, dem eigenen Unternehmen und der Reputation zu schaden, führen viele CEOs den Zeitmangel an. Dabei sollten 280 Twitter-Zeichen oder kurze LinkedIn-Postings kein großes Problem darstellen. Letztlich ist es eine Frage der passenden Content-Strategie und Advocacy im Unternehmen.

Niemand erwartet ernsthaft, dass ein:e CEO jeden Tag viele Twitter-Artikel verschickt und auf LinkedIn sofort auf Anfragen oder Kommentare reagiert. Es geht hierbei eher um symbolische Kommunikation, nicht um Schnelligkeit und totale Verfügbarkeit. Auf unaufgeforderte E-Mails würde ein:e CEO vermutlich auch nicht unmittelbar reagieren.

Längst nicht alle Beiträge und Postings stammen aus der Hand der Social CEOs selbst. Es ist völlig legitim und üblich, auf Ghostwriter und interne oder externe Berater zu setzen. Allerdings verpufft die Wirkung einer Führungskraft, wenn diese überwiegend aus der Feder von Ghostwritern stammt. Es wirkt weniger authentisch. Viele Entscheider:innen ahnen dies und schrecken deshalb eher vor dem Kommunikationsaufwand zurück.

Ein Posting für LinkedIn muss zwar nicht unbedingt direkt vom Vorstand stammen, sollte aber seinem Gedankengut und seiner persönlichen Haltung entsprechen. Je glaubwürdiger der Content wirkt, desto eher erreichen Entscheider:innen über Social Media ihre internen wie externen Stakeholder.

Die Kür besteht darin, selbst auf LinkedIn-Kommentare zu reagieren. Das ist nicht so ohne, wie sich beispielsweise bei der Audi-Vorständin Hildegard Wortmann zeigte, als sie Anfang 2021 dem Tech-Investor Frank Thelen in einem öffentlichen Kommentar auf seinem LinkedIn-Profil zu einer Probefahrt mit dem Audi e-tron eingeladen hat.[60] Darauf reagierten viele auf LinkedIn mit Lob und Kritik. Sie erhielt viel Aufmerksamkeit, weil Vorstandsmitglieder sehr selten in den sozialen Medien auf diese Art und Weise aktiv sind.

Hildegard Wortmann hat bislang auf LinkedIn über 76 000 Follower. Ihr persönliches Motto lautet »Listen, Learn, Exchange«. Daran orientiert sich die Vorständin bei ihren Social-Media-Aktivitäten. Ihr Beispiel macht deutlich, wie schnell Führungskräfte etwas bewirken können und dabei Vorbild sind. Sie werden als Leuchttürme der Kommunikation wahrgenommen und erhalten in der Öffentlichkeit viel Aufmerksamkeit für ihre Themen und prägen auch die Unternehmenskultur.

4.7.6 Vorstände sind Vorbilder für Corporate Influencer

Führungskräfte und vor allem Vorstände erhalten nicht nur medial mehr Aufmerksamkeit. Sie werden als Vorbilder auch in ihrem Unternehmen wahrgenommen, bieten Orientierungspunkte. Aus diesem Grund ist es vorteilhaft für ein Corporate-Influencer-Programm, wenn ein:e CEO selbst aktiv auf Social-Media-Plattformen ist.

Die Douglas-CEO Tina Müller ist seit rund einem Jahrzehnt auf Twitter aktiv und erreicht dort rund 10 000 Follower. Auf LinkedIn hat sie sogar mehr als 118 000 Follower. Sie sieht sich selbst als Vorbild in Sachen Personal Branding und ermutigt Mitarbeitende, ihrem Beispiel als Corporate Influencer zu folgen. Für die Betreuung ihres LinkedIn-Accounts wird sie von nur einer Person aus der Unternehmenskommunikation unterstützt. Dabei setzt sie inhaltlich auf Produktinformationen, Markenkommunikation, Diversity und Strategisches. Immer wieder zeigt sie auch private Momente aus ihrem Leben. Rund 70 Prozent ihrer Social-Media-Posts sind nach ihren eigenen Angaben im Voraus geplant, der Rest entstehe bei ihr spontan.[61]

VW-Chef Herbert Diess gehört mit rund 208 000 Followern auf LinkedIn zu den erfolgreichsten CEOs auf der Plattform. Dafür stimmt er sich mit seinem dreiköpfigen internen Team für CEO-Kommunikation ab.[62] Seine Postings wirken dadurch authentischer als die von vielen anderen Vorständen.

Einer der bekanntesten Social CEOs weltweit war John Legere, der von 2012 bis April 2020 Chef der Telekom-Tochter T-Mobile US war. Die Zeitschrift *Capital* bezeichnete ihn als »One-Man-Marketingmaschine« und »Paradiesvogel«.[63] Er galt als Rockstar unter den CEOs und wusste sich als solcher zu inszenieren. Auf Social Media war er jeden Tag mehrere Stunden aktiv und präsentierte sich in zahllosen Videos mit Turnschuhen und im magentafarbenen T-Shirt unter der Lederjacke. In seiner Nahbarkeit und direkten Kundenansprache über Twitter und Facebook unterschied er sich sehr von der eher nüchternen Inszenierung deutscher Manager. Allein auf Twitter folgen ihm noch immer mehr als sechs Millionen Menschen.

In Deutschland hagelte es immer sehr viel Kritik für solche Superstars. Es heißt, dieses Vorgehen sei »typisch amerikanisch« und lasse sich nicht auf deutsche Verhältnisse übertragen. Lieber sind viele CEOs oder Geschäftsführer:innen zurückhaltender und weniger emotional in ihrer Kommunikation. Das scheint sich jedoch zum Glück langsam zu ändern.

So wird der Deutsche Telekom-Chef Tim Höttges inzwischen sogar vom *Manager Magazin* als »digitaler CEO« bezeichnet. Mehr als 100 000 Menschen folgen ihm auf LinkedIn.[64] Seine Beiträge entstehen ebenfalls ohne Agenturbeteiligung inhouse in der Kommunikation und werden mit ihm abgestimmt. Er schreibt Artikel über Digitalisierung, künstliche Intelligenz, 5G, nachhaltiges Wirtschaften oder den Klimawandel und gibt durch Beiträge persönliche Einblicke in seinen Arbeitsalltag. Aber auch zu gesellschaftspolitischen Themen wie das Impfen oder der Debattenkultur im Netz nimmt er Stellung. Die Aktivitäten des Social CEO kommen innerhalb der Deutschen Telekom sehr gut an und machen deutlich, welche starke Binnenwirkung Social-Media-Aktivitäten von Führungskräften entfalten können.

Im Mittelstand finden sich immer mehr Beispiele für Geschäftsführer:innen, die die direkte Kommunikation mit ihren Kund:innen über Social Media praktizieren und dadurch auch ihre Mitarbeiter:innen ermutigen, es ihnen gleichzutun. Marco Nussbaum gründete 2009 die Hotelkette prizeotel. Sehr früh setzte der Hotelier auf Social Media. Er bloggt selbst und betreibt einen Podcast über Hotelthemen.

Für Nussbaum waren im prizeotel die eigenen Mitarbeiter:innen immer ein wichtiges kommunikatives Bindeglied zwischen Gast und Marke. Schon bei der Gründung seiner Hotelkette setzte er deshalb auf die Mitarbeiter:innen als Corporate Influencer. Die Mitarbeiter:innen seiner Hotels sind für ihn die wichtigsten Kommunikator:innen, sie holen das Feedback der Hotelbesucher:innen ein und reagieren direkt auf Bewertungen.

Von der Content Creation der Mitarbeitenden profitierte seine Hotelkette enorm. Die Auslastung der Betten war aufgrund der starken Social-Media-Präsenz sehr gut. Das erleichterte die Expansion. Inzwischen hat Nussbaum sein Unternehmen verkauft und Next Hotel Accelerator gegründet.

Über Personal Branding zeigen Gründer:innen und Geschäftsführer:innen deutlich, mit welchen Themen und Strategien sie sich auseinandersetzen. Im Idealfall präsentiert sich ein:e Social CEO durch seine/ihre Kommunikation und Botschaften in der Öffentlichkeit nahbarer.

Das nimmt die Münchnerin Catharina van Delden im Digitalen sehr ernst. Sie ist CEO des Start-ups innosabi und seit 2013 Mitglied im Bitkom-Präsidium. Wer Meinungsmacher:innen im Crowdsourcing sucht, kommt nicht an Catharina van Delden vorbei, die seit vielen Jahren ihre Expertise in diesem Feld beweist.

Sie versteht sich als das Gesicht ihrer Firma und ist bewusst als Markenbotschafterin aktiv. So hat sie als Autorin mehrere Publikationen zu den Themen Open Innovation und Social-Media-Marketing veröffentlicht. Online ist sie als Social CEO schnell zu finden und gut erreichbar. Für sie ist das Digitale nichts Bedrohliches mehr, sondern gehört ganz selbstverständlich zu ihrer Aufgabe als Gesicht ihres Softwareunternehmens dazu. Deshalb twittert und bloggt sie schon sehr lange über ihr Thema Crowdsourcing.

»Ein CEO sorgt dafür, dass genug Bier da ist, wenn Nachtschichten geschoben werden müssen – dieses Bild trifft es, glaube ich, ganz gut. Es bedeutet, dass man eine Vision vor Augen haben muss, das Team gut zusammenstellt und die richtigen Partnerschaften entwickelt. Dazu gehört es auch, richtig zu kommunizieren, zu wissen, wo man hinwill und wie man dorthin kommt«, erläutert van Delden ihr Selbstverständnis.

Social Media nutzt sie jedoch nicht nur, um sich fachlich zu positionieren. Angst davor, ihre Persönlichkeit online zu zeigen, hat van Delden nicht. »Persönlichkeit so viel wie möglich, Persönliches so viel wie nötig«, daran orientiert sie sich. »Für mich ist es absolut in Ordnung, markant zu sein und seine Meinung deutlich zu machen, wenn es zur Philosophie des Unternehmens passt, weil man dadurch nahbarer, erkennbar und sympathisch wird. Das gilt vor allem für das digitale Umfeld. Bei Privatem sollte man meiner Meinung nach gut abwägen, was man zeigt.«

In Deutschland haben viele Entscheider:innen eine gewisse Angst davor, in die digitale Öffentlichkeit zu gehen, und sind eher zurückhaltend in Social Media aktiv. Die innosabi-Chefin glaubt, dass vielen einfach die direkte Erfahrung fehlt. Viele hätten Angst davor, etwas in der Öffentlichkeit falsch zu machen. Außerdem meint sie: »Ein weiterer starker Effekt geht sicher von den Medien aus, die über Horrorstorys von geleakten Promifotos oder abgehörten Handys berichten. Das führt zu vielen Ausreden, warum Social Media nicht relevant oder interessant für CEOs sei. Dabei verkennen die meisten die Vorteile, nämlich dass die Kommunikation über die verschiedenen Kanäle viel gezielter abläuft als vorher.«

Sie würde sich wünschen, dass sich Manager:innen mehr auf Neues einlassen. Schließlich mache Kommunikation viel Spaß und bringe für große wie kleine Unternehmen gerade im B2B-Bereich viele Kundenanfragen. »Inoffizielle Kommunikation macht uns zugänglich und schafft digitale Nähe«, erläutert sie ihre digitalen Aktivitäten.

Für Miriam Wohlfahrt von Ratepay sind wir alle Menschen, die Erfolge und Misserfolge haben, über die sie auch sprechen sollten. Über Personal Branding können wir uns ihrer Ansicht nach nahbarer zeigen und deutlich machen, mit welchen Themen wir uns auseinandersetzen.[65] Der Social CEO ist dadurch auch für seine Mitarbeiter:innen verfügbarer.

Die aktuelle Verweildauer der CEOs liegt gerade einmal bei zwei bis drei Jahren. Das zeigt deutlich, wie wichtig es ist, im Topmanagement eines Unternehmens auf mehrere Köpfe zu setzen. Als Vorbilder und Unterstützer:innen sind sie für eine Corporate-Influencer-Strategie von großer Bedeutung.

4.8 Warum Mitarbeiter:innen keine Klonkrieger:innen sind

In einigen Unternehmen werden die Beschäftigten durch Fachbereiche dazu aufgefordert, den Corporate Content in Social Media zu teilen oder zu liken. So sollen die Markenbotschaften sichtbarer gemacht und Kundenkontakte gestärkt werden.

Auf viel Zuspruch treffen solche Aktivitäten bei den Mitarbeiter:innen nicht. Schließlich betrachten viele Menschen Facebook, Twitter oder Instagram als private Sphäre, in der sie selbst darüber entscheiden wollen, wie sie diese inhaltlich ausgestalten und wie sie ihre digitalen »Freundschaften« pflegen. Wenn der Arbeitgeber hierbei Ansprüche anmeldet oder auch nur Begehrlichkeiten zeigt, wirkt das für einige als ein Übergriff auf das Private und stößt deshalb auf enorme Ablehnung.

Etwas größer ist hingegen die Bereitschaft, Unternehmensinhalte auf der Businessplattform LinkedIn zu teilen. Wenn Mitarbeiter:innen stolz auf ihre Marke, ihre Produkte und Services sind, tun sie sich leichter damit, den Corporate Content dort zu verbreiten. Davon wollen viele Unternehmen profitieren und bitten deshalb ihre Angestellten, dieses auf ihren eigenen Accounts zu tun. Oft teilen die Mitarbeitenden die Inhalte dann lieber eins zu eins, als ihnen eine persönliche Note hinzuzufügen oder die Geschichte aus der persönlichen Perspektive zu erzählen. Das geht schneller und soll dennoch mit wenig Aufwand auf die eigene Karriere einzahlen. Dies funktioniert jedoch nicht.

4.8.1 Was Unternehmen nicht von ihren Corporate Influencern erwarten sollten

Falsche Anreize in den Unternehmen tun ihr Übriges. In manchen Organisationen werden Ziele für das pure Sharing vorgegeben oder gar Wettbewerbe veranstaltet und Rankings unter dem Label »Gamification« eingerichtet, bei denen diejenigen belohnt werden, die die größten Reichweiten erzielen. Das erinnert an Push-Marketing, in dem nicht unbedingt auf attraktive Inhalte gesetzt wird, sondern in dem vor allem die Reichweiten in die Höhe getrieben werden. Auf die Bedeutung der einzelnen Inhalte für die Marke kommt es dabei weniger an.

Auf der Businessplattform LinkedIn können Unternehmen, die etwas auf ihrer LinkedIn-Page publiziert haben, anschließend über den Button »Team informieren« die Beschäftigten direkt oder indirekt dazu auffordern, den LinkedIn-Content nochmals auf ihren persönlichen Accounts zu teilen.

In der Theorie klingt das wunderbar. Oft erzielen die Unternehmensinhalte auf diese Weise in der eigenen Organisation mehr Aufmerksamkeit. Zudem erhalten so alle Angestellten sehr schnell neuen Content, den sie teilen können. Leider ist es dann jedoch oftmals immer derselbe Content, den die Mitarbeiter:innen verbreiten. Auf deren persönliche Positionierungen und Kompetenzen zahlt der Corporate Content jedoch wenig ein. Deshalb verzichten viele Beschäftigte darauf, die Beiträge nochmals auf den eigenen Kanälen zu zeigen. Sie wollen in ihrem Netzwerk ihre eigene Glaubwürdigkeit nicht gefährden.

Fehlanreize entstehen so sehr schnell. Deshalb sollten Sie beim Aufbau eines Corporate-Influencer-Programms darauf achten, dass Sie nicht die falschen Dinge fördern.

Mitarbeiter:innen zahlen nicht auf die Reputation einer Marke ein, indem sie viel Corporate Content kopieren und posten.

Sie schaden damit ihrer Marke manchmal sogar. Im Vertrieb wird von Mitarbeitenden erwartet, dass sie Kunden ansprechen und aktiv den Verkauf fördern. Das führt jedoch in Social Media mitunter zu Missverständnissen.

Viel bringt nicht immer viel. Wenn Vertriebsmitarbeiter:innen auf LinkedIn jeden Tag zahlreiche Kommentare bei ihren potenziellen Kund:innen mit Hinweisen und Backlinks auf eigene Produkte versehen, handeln sie kontraproduktiv. Sie wollen auf diese Weise etwas verkaufen, glauben, im Auftrag ihres Arbeitgebers zu handeln, erreichen mit ihrem eifrigen Verhalten jedoch das Gegenteil. Statt auf diese Weise Verkaufserfolge zu befördern, gefährden sie mit ihren Kommentaren sogar ihre eigene Reputation und die ihrer Marke.

Stellen Sie sich vor, wie es wirkt, wenn nur zehn Mitarbeiter:innen eines Unternehmens jeden Tag zehn Kommentare per Copy-and-paste bei ihren Kontakten hinterlassen, in denen sie ihre eigenen Leistungen und Produkte loben. Corporate Influencing ist das nicht mehr, auch kein Social Selling. Ganz im Gegenteil: Dieser Content brüskiert viele LinkedIn-Mitglieder. Sie empfinden ihn als Spam und gehen meistens auf Distanz zu den Akteuren, weil sie ihre werblichen Botschaften bedenkenlos verbreiten.

Content gibt es im Internet zu jedem Thema mehr als genug. Deshalb reicht es nicht aus, als Mitarbeiter:in eines Unternehmens einfach noch mal einen 08/15-Inhalt der eigenen Marke in Social Media zu teilen. Diese Content-Vervielfachung wirkt werblich und wird von vielen Leser:innen deshalb ignoriert oder zu Recht kritisch gesehen.

4.8.2 Die neuen Klonkrieger:innen haben keine Persönlichkeit

Roboterhafte Tweets und LinkedIn-Postings vermehren nicht die Reputation eines Unternehmens, sondern lassen sie unvorteilhaft aussehen.

Schließlich ist ein Brei aus immer gleichen Inhalten nicht besonders nahrhaft. Ohne Persönlichkeit verliert ein Corporate Influencer als Markenbotschafter:in sofort an Glaubwürdigkeit. Es stempelt ihn als Klonkrieger:in ab.

Der Begriff »Klonkrieger:in« dient in diesem Buch als Chiffre für verkünstelte Wesen, die über keine erkennbare eigene Persönlichkeit mehr verfügen und sich kaum voneinander unterscheiden (sollen). Ursprünglich waren Klonkrieger im Filmepos *Star Wars* geklonte Soldaten, die sich durch ihre bedingungslose Treue zur Republik und ihrem Oberhaupt auszeichneten. Ihr Gesicht und ihre Persönlichkeit sind hinter Masken verborgen.

> Die neuen »Klonkrieger:innen« übernehmen in Social Media alle Botschaften ihrer Organisation und verbreiten sie über ihre persönlichen Accounts in den sozialen Medien.

Dabei gehen sie in militärischer Formation vor, immer dem großen Ganzen der Marke verpflichtet, ohne eigene, originäre Ideen. Klonkrieger:innen verzichten auf jegliche Menschlichkeit, ihre Persönlichkeit und Empathie und lassen sich leicht mit algorithmenbasierten Bots verwechseln, die vor allem auf Twitter automatisch Inhalte verbreiten.

Wer mit seiner Marke positiv auffallen will, benötigt keine Klonkrieger:innen, die alles replizieren, was ihnen vom eigenen Unternehmen vorgesetzt wird. Besonders erfolgreich ist das ohnehin nicht, weil es einfallslos und wenig kreativ wirkt. Hingegen profitieren Unternehmen von selbstständig denkenden Menschen, die als Vordenker:innen mit ihrer persönlichen Einordnung eines Themas inspirieren.

Unternehmen benötigen keine Mitarbeiter:innen, die als Corporate Influencer in einer Formation marschieren. Stattdessen sind Menschen gefragt, die ihren Verstand und ihre Emotionen dazu nutzen, sich inhaltlich von der Content-Masse im Internet abzuheben.

Sie sollen dadurch ihre Loyalität zeigen. Wer jedoch so etwas von seinen Mitarbeiter:innen verlangt, baut sich dadurch nur Klonkrieger:innen, die nichts Neues und Inspirierendes mehr haben. Außerdem verlieren Unternehmen an Glaubwürdigkeit, wenn dem Einzelnen die Persönlichkeit ausgetrieben wird.

4.8.3 Wir bevorzugen echte Menschen in der Kommunikation

Die Engagement-Rate auf persönliche Postings ist in Social Media sehr groß, im Verhältnis zu Marken-Accounts oft sogar viel besser. Menschen mögen zwar Marken, doch sie verspüren wenig Lust darauf, mit diesen in Social Media zu interagieren. Dazu wirkt ihr Gegenüber zu abstrakt und unverbindlich. Viel lieber mögen Menschen andere Menschen, die eine echte Kommunikation erlauben und sich von der glatten Sprache der Unternehmenskommunikation unterscheiden.

> Corporate Influencer sind gefragte Menschen mit Ecken und Kanten, die das Potenzial zum Personal Brand haben, weil sie sich in ihren spezifischen Themenfeldern auskennen und andere daran teilhaben lassen wollen.

Durch ihre Begeisterung und Leidenschaft sind diese intrinsisch motivierten Mitarbeiter:innen die besseren Corporate Influencer, die selbstständig einen anderen, persönlichen Blick auf die Unternehmensmarke ermöglichen.

Wenn Corporate Influencer nur ihre Marke replizieren, immer wieder Corporate Content veröffentlichen, warum sollten wir ihnen auf Social Media folgen? Dann könnten wir auch den Unternehmensauftritt abonnieren. Etwas Langweiligeres als Klonkrieger können wir uns nicht vorstellen. Ihnen fehlt das Individuelle und damit der menschliche Charakter. Klonkrieger tragen eine Maske und können kein Lächeln zeigen, weil das zu viel über ihr Innenleben und ihre persönliche Haltung verraten würde. Sie sind in ihren digitalen Kanälen sehr vorsichtig und vermeiden es, irgendeine menschliche Regung zu zeigen.

Wenn Corporate Influencer immer wieder publizieren, wie gerne sie ihre coole Marke haben, wie toll das eigene Team ist, wirkt das gewollt und nutzt sich schnell ab und erreicht allenfalls die Kolleg:innen, aber kaum mehr neue Rezipient:innen. Der Mehrwert dieser Selbstbestätigung ist für die meisten Onliner eher überschaubar, nervt irgendwann sogar.

Viel spannender sind selbstständig denkende Mitarbeiter:innen, die ihre Social-Media-Aktivitäten mit einer persönlichen Note versehen, die Marke ihres Unternehmens immer wieder neu interpretieren und dabei ihre Expertise zeigen.

4.8.4 Woran Sie Klonkrieger:innen erkennen

Sie können Klonkrieger:innen leicht von Corporate Influencern unterscheiden. Es gibt viele Hinweise, die sie entlarven. So zeigen sich Klonkrieger:innen selten auf Fotos nahbar. Selfies fehlen fast völlig. Wenn Sie auf LinkedIn den Beitrag eines/r Klonkrieger:in kommentieren, erhalten Sie oft gar keine Antworten, weil dies Zeit kosten würde. Auf LinkedIn teilen Klonkrieger:innen fast jeden Post ihres Arbeitgebers. In den Texten dominiert das Wort »man«. Ein »Ich« oder »Wir« finden Sie dort eher selten.

Persönliche Kommunikation fällt Klonkrieger:innen schwer, deshalb gibt es kaum Gefühlsregungen in den Postings und noch seltener Emojis zu entdecken. Auf eine Positionierung zu einem gesellschaftlichen oder eigenen Thema verzichten Klonkrieger:innen lieber, weil es Probleme mit ihrem Arbeitgeber geben könnte. Deshalb halten sich Klonkrieger generell auf Social-Media-Kanälen lieber mit ihren Meinungen und Kommentaren zurück.

Die individuelle Kommunikation sollte sich immer ein wenig von einer offiziellen Unternehmensbotschaft unterscheiden und authentisch wirken. Statt einfach ein Posting zu kopieren, ist es viel sinnvoller, davon eine kreative Variante mit eigenen Ideen zu erzeugen. Das unterscheidet einen Menschen von dem Unternehmen und macht die individuelle Positionierung glaubwürdiger.

4.8.5 Kreativer auf Unternehmensinhalte verweisen

Wenn Sie als Mitarbeiter:in dazu aufgefordert werden, eine Jobanzeige Ihres Unternehmens zu verbreiten, sollten Sie nicht den einfachen Weg gehen und diese einfach eins zu eins auf LinkedIn oder Xing teilen, sondern Ihren eigenen Zugang zum Thema finden. Es ist viel spannender, von Ihnen zu erfahren, was die Bewerber:innen in Ihrem Unternehmen erwartet. Was reizt Sie an Ihrer Tätigkeit? Wer arbeitet alles in dem Team? Was erhoffen Sie sich von neuen Kolleg:innen? Außerdem können Sie die Räumlichkeiten präsentieren und selbst einen Willkommensgruß an noch unbekannte Bewerber:innen verfassen.

Je persönlicher und kreativer Sie Ihren Content dabei aufbauen, desto positiver dürfte das Feedback ausfallen. So könnten Sie Teamfotos posten oder in einem persönlichen Video über Ihre Arbeit sprechen. Das macht Sie menschlich nahbarer und zeigt Empathie, die Sie wiederum sympathisch macht.

Je nahbarer wir uns online geben, desto eher entsteht ernsthaftes Vertrauen. Selbst im Unternehmenskontext wollen die meisten Akteure auch in Social Networks echte Menschen erleben, diese sehen und verstehen lernen und eben nicht nur Fachleute zur Kenntnis nehmen.

Es lohnt sich, online mutiger zu sein, über die eigene fachliche Expertise hinauszugehen und einen Teil der eigenen Persönlichkeit zu offenbaren. Sie werden überrascht sein, wie positiv Ihr Umfeld darauf reagiert, wenn Sie mutig sind und sich etwas emotionaler und menschlicher zeigen, andere loben und vielleicht sogar manchmal eigene Schwächen eingestehen.

Als kommunikative Wesen sollten wir alle lernen, im digitalen Raum besser den Kontakt miteinander zu pflegen und freundlich zueinander zu sein. Das unterscheidet Menschen von Robotern und gute Corporate Influencer von Klonkriegern.

Die falsche Angst vor Emotionen in der Kommunikation nimmt uns die Chance, anderen digital näherzukommen und ihnen unsere Wertschätzung offen zu zeigen. Das Risiko, sich öffentlich zu bedanken und andere Menschen zu loben, sollten Sie eingehen. Es wird sich für Sie auszahlen.

4.9 Wie Mitarbeiter:innen zu Personal Brands aufgebaut werden

Es gibt im deutschsprachigen Raum viele bekannte Corporate Influencer. Zahlreiche Expert:innen sind in der medialen Öffentlichkeit präsent. Sie stehen für ihre Fachthemen und sind oftmals gut vernetzt. Allerdings verbinden viele sie nicht unbedingt mit dem Begriff »Corporate Influencer«. Aus diesem Grund stellen wir Ihnen einige Namen in unserer Tabelle vor und ordnen sie ihren jeweiligen Fachbereichen zu. Außerdem verraten wir Ihnen, wo in Social Media Sie diese Akteure finden können.

ORGANISATORISCHE FUNKTION	NAME	UNTERNEHMEN	PLATTFORM
HR	Magdalena Rogl Kathrin Falkenstein Katharina Krentz Cawa Younosi	Microsoft LV 1871 Robert Bosch SAP	LinkedIn, Twitter LinkedIn LinkedIn, Twitter LinkedIn, Twitter
IT	Kathrin Harteis Dr. Frederike Fritzsche	BMW Otto	LinkedIn, Instagram LinkedIn, Twitter
Kommunikation	Julia Hauptmann Martin Frommhold Gerda-Marie Adenau Christian Buggisch Karim Cheranti Angelica Bergmann Dennis Vollmer	LV 1871 Otto Siemens DATEV Telekom BKK ProVita Volksbank Mittelhessen	LinkedIn LinkedIn LinkedIn LinkedIn, Twitter, Blog LinkedIn LinkedIn, Twitter LinkedIn
Vertrieb	Daniel Hesmer Markus Härlin	Knauf PFT Hays	LinkedIn LinkedIn
Marketing	Ben Harmanus Benedikt Schneider	HubSpot Knauf PFT	LinkedIn LinkedIn, Podcast
Finance	Jürgen Schmitt	Deutsche Bank	LinkedIn, YouTube
Technik	Oliver Herbert Felix Bartknecht Peter Schmitt	Mercedes Benz SICK Telekom	LinkedIn, Twitter LinkedIn Twitter

Tabelle 3: Vorbilder im Personal Branding

4.10 Checkliste: Einige Personal-Branding-Tipps

Worauf Sie achten sollten, wenn Sie selbst eine Personal Brand aufbauen wollen, haben wir in dieser Checkliste zusammengefasst:

- **Einfach auf einer Plattform anfangen:** Wählen Sie beispielsweise LinkedIn für ihr Personal Branding aus und legen Sie dort ein vollständiges Profil mit einem guten Foto an. Denken Sie daran: Das Profil ist Ihr Aushängeschild und bedarf besonderer Aufmerksamkeit. Fünf Dinge, auf die Sie bei ihrem LinkedIn-Profil achten sollten:
  1. ansprechendes Profilbild und Hintergrund,
  2. personalisierter Profilbild-Slogan,
  3. personalisierte Profil-URL,
  4. »Erzählen Sie Ihre Geschichte« in der Infobox oder als Cover-Story,
  5. die öffentliche Profilansicht überprüfen.

- **Disziplin:** Bevor Sie als Personenmarke oder gar »Thought Leader« wahrgenommen werden, müssen Sie viel Zeit und Leidenschaft investieren, sich selbst sichtbar und mit Ihren Themen erkennbar zu machen. Das setzt ein großes Durchhaltevermögen und viel Disziplin voraus. Viele scheuen davor zurück, selbst zu schreiben, zu podcasten und zu twittern, weil sich das oftmals nicht leicht in den eigenen Arbeitsalltag integrieren lässt. Nicht alle nehmen sich die Zeit dafür, in Social Networks aktiv zu sein, YouTube-Videos und Podcasts zu veröffentlichen, Blogartikel oder Bücher zu schreiben oder jeden Tag zu twittern.

- **Sichtbarkeit erhöhen:** Je stärker Ihre Online- wie Offlineaktivitäten sichtbar werden, desto mehr Relevanz können Sie mit Ihren Themen entfalten und letztlich auch Agenda-Setting in eigener Sache betreiben. Es erfordert eine gewisse Hartnäckigkeit, nicht bei ausbleibendem sofortigem Erfolg gleich wieder auszusteigen. Je mehr Sie in Ihr Personal Branding investieren, desto eher werden Sie mit dieser Strategie auch Erfolg haben.

- **Klarheit** finden: Ihre Selbstwahrnehmung ist enorm wichtig, denn je besser Sie Ihre persönlichen Talente einschätzen können, desto leichter tun Sie sich auch beim Personal Branding. Zunächst sollten Sie sich immer fragen, für welche Themen Sie persönlich stehen wollen. Wie würden Sie sich selbst taggen? Falls Sie damit wenig anfangen können, dann googeln Sie sich doch einfach. Eine einfache Recherche zeigt Ihnen, wie Dritte Sie wahrnehmen und was diese eventuell bereits über Sie online publiziert haben. Überlegen Sie sich drei Schlagworte für Ihre Personenmarke und nutzen Sie diese konsequent für Ihr Personal Branding, damit jeder erkennen kann, wofür Sie stehen.

- **Die Persönlichkeit** prägt die Wahrnehmung: Jeder Mensch legt Wert auf seine Identität und möchte von anderen als eigenständig wahrgenommen werden können, ein Gesicht haben, das aus der Masse herausragt und nicht in der Unauffälligkeit untergeht. Deshalb trauen Sie sich ruhig und schreiben Sie auf LinkedIn ab und zu auch über ein persönliches Erlebnis. Wenn dieses Erlebnis ihre Persönlichkeit unterstreicht und ihnen dabei hilft, sich von anderen zu unterscheiden, ist so etwas wünschenswert. Wer Angst davor hat, als Selbstdarsteller:in gesehen zu werden, darf sich gerne in sein Schneckenhaus zurückziehen, wird allerdings auch in der Öffentlichkeit kaum oder gar nicht wahrgenommen. Personal Brands müssen auftreten und zeigen, wie und wer sie sind, ansonsten werden sie übersehen oder ignoriert.

- **Arbeiten Sie mit Ihrem Expertenstatus:** Beziehen Sie Stellung zu Branchenthemen, in denen Sie sich wirklich auskennen. Sie sollten hierbei möglichst nur über Dinge sprechen und publizieren, von denen Sie wirklich etwas verstehen, ansonsten werden Sie sehr schnell als plappernder Scharlatan und reiner Selbstdarsteller entlarvt. Den Expertenstatus können Sie in so einem Fall nur kurz aufrechterhalten.

- **Unterstreichen Sie Ihre Einzigartigkeit:** Eine Personal Brand werden Sie nicht dadurch, dass Sie versuchen, andere mit Ihren Inhalten zu kopieren oder diese negativ zu begleiten. Seien Sie lieber einzigartig. Mimikry (die Nachahmung von visuellen, auditiven oder sprachlichen Signalen) schützt uns vielleicht, aber verdeckt eine Marke eher. Denn Personal Brands leben vom persönlichen Zugang zu einem Thema. Je mehr Sie sich an andere Personenmarken anlehnen, desto weniger fallen Sie selbst positiv auf. Warum sollten Sie den tausendsten Beitrag zum selben Thema publizieren? Schwächen Sie sich nicht selbst, sondern konzentrieren Sie sich lieber auf Ihre Stärken. Es gibt schon genug selbst ernannte Virolog:innen und Fußballtrainer:innen in unserem Lande.

- **Liefern Sie Mehrwerte:** Wenn Sie Ihr persönliches Thema gefunden haben und mit Leidenschaft über Ihre Agenda sprechen, bewerten das die meisten Kontakte positiv. Am besten publizieren Sie zu Ihren Fachthemen in passenden Zeitschriften oder Blogs, um darüber einen Expertenstatus aufzubauen. Darüber hinaus eignen sich Vorträge, Podcasts und Videos sehr gut, um sich einen Namen zu machen.

- **Networking durch Engagement:** Je aktiver Sie auf LinkedIn oder Xing sind, desto mehr Engagement erhalten auch Ihre eigenen Inhalte. Deshalb sollten Sie regelmäßig aktiv sein und Kommentare und Likes bei spannenden Kontakten hinterlassen, um Kunden- und andere Arbeitsbeziehungen aufzubauen oder zu vertiefen.

- **Teilen Sie Ihre persönliche Meinung:** Haben Sie keine Scheu davor, für Ihre Haltung einzustehen und Ihre Sichtweise deutlich zu machen. Seien Sie mutig und vermeiden Sie langweilige Neutralität oder Passivität. Es macht viel mehr Spaß, sich an Ihnen zu reiben, wenn Sie eine klare Botschaft haben. Mit Ihren persönlichen Ansichten können Sie anderen Orientierung geben und erzielen dadurch viel Aufmerksamkeit. Meinungsmacher und Thought Leader sind gefragt, während andere nur zuhören. Sie entscheiden ganz persönlich, zu welcher Gruppe Sie selbst gehören.

- **Digitale Empathie** schadet nicht. Nehmen Sie immer Ihr Gegenüber ernst und bleiben Sie online wie offline freundlich und respektvoll. Das macht Sie zu einem sympathischen Kontakt.

5

BESSER SCHEITERN

5.1 Gegen toxische Unternehmenskulturen

Wenn Sie als Geschäftsführer Ihre Corporate Influencer sehr schnell demotivieren wollen, sollten Sie genauestens festlegen, wann wer was auf seinem persönlichen Account veröffentlichen muss. Alles wird in einem Redaktionsplan festgelegt und dieser muss befolgt werden, selbst wenn einzelne Punkte unsinnig sind. Das ist der Fahrplan einer toxischen Unternehmenskultur und dürfte jedes Corporate-Influencer-Programm sofort zum Scheitern verurteilen.

Starre hierarchische Strukturen und fehlendes Vertrauen in die Kompetenzen der Mitarbeitenden tötet jede Kreativität und Begeisterung für das Corporate Influencing schon im Ansatz und degradiert sie zu Klonkrieger:innen (siehe Kapitel 4.8). Denn so ein Regelwerk fördert die Angst, etwas falsch zu machen, und dämpft jedes Social-Media-Engagement. Schließlich werden Fehler in so einer Kultur sofort geahndet.

Beim Start eines Corporate-Influencer-Programms geben viele Kommunikator:innen ihre gefühlte Kommunikationshoheit ab. Der fehlende redaktionelle Prozess wird von einigen Organisationen als Kontrollverlust erlebt. Dabei ist das längst Alltag in jedem Unternehmen. Oder kennen Sie alle Aktivitäten Ihrer Mitarbeiter:innen auf Social Media?

Bei den persönlichen Social-Media-Beiträgen der Corporate Influencer gibt es meistens keine Freigabeprozesse. Jeder Corporate Influencer sollte auf seinen Kanälen unabhängig agieren dürfen. Aus dem Auftrag, für die Marke während der Arbeitszeit aktiv in Social Media zu sein, leitet sich nicht das Weglassen der eigenen Meinungsfreiheit ab. Seine eigene Persönlichkeit muss sich niemand nehmen lassen, zumal es dafür keinerlei rechtliche Grundlage gibt.

Letztlich lebt eine Corporate-Influencer-Initiative immer vom Vertrauen in die fachliche und persönliche Kompetenz der Mitarbeitenden. Fehler sollten diese deshalb machen dürfen. Genauso geht aus dem Arbeits- und Loyalitätsverhältnis nicht die Kontrolle über die Social-Media-Kommunikation hervor.

Die Voraussetzung für erfolgreiche Corporate-Influencer-Kommunikation ist eine gesunde Unternehmenskultur.

Nur so bleiben die Postings der Mitarbeitenden authentisch. Dabei muss ein Corporate Influencer überhaupt nicht mit allen Positionen seines Arbeitgebers übereinstimmen und blindlings alles in Social Media teilen, was bereits über Unternehmenskanäle vorliegt. Ganz im Gegenteil. Als Corporate Influencer sind Mitarbeitende selbstbestimmt und können über ihre persönlichen Accounts entsprechend verfügen. Sie profitieren jedoch von einer offenen Unternehmenskultur, die sie in dieser Hinsicht unterstützt und ihnen wertschätzend begegnet.

In einer toxischen Unternehmenskultur hingegen, in der viel Wert auf Kontrolle der Content-Produktion der Mitarbeitenden gelegt wird, droht eine Corporate-Influencer-Initiative schnell zu scheitern, zumal sie auch an ihre rechtlichen Grenzen gelangt.

Der Rechtsanwalt Thomas Schwenke warnt im Blog Datenschutz-Generator.de Arbeitgeber davor, die persönlichen Social-Media-Accounts ihrer Mitarbeiter:innen ohne konkreten Anlass auf ihre Aktivitäten als Corporate Influencer auszuforschen.[66] Eine kleinteilige Überwachung ist in der Regel nicht erlaubt. Aber natürlich können Organisationen bei rechtlichen Themen auf die Social-Media-Guidelines verweisen oder selbst Ansprechpartner:innen für solche Fragen definieren, damit die Mitarbeitenden Kommunikationsfehler vermeiden können (siehe Kapitel 2.3 »Einen guten Rahmen bereiten«).

Gleichzeitig wird es durch die rechtlichen Vorgaben für Unternehmen schwierig, die Erfolge der einzelnen Corporate Influencer zu validieren. So ist es nicht statthaft, die persönlichen Social-Media-Aktivitäten der Mitarbeitenden zu überprüfen und direkt miteinander zu vergleichen.

Besonders sinnvoll wären diese Vergleiche ohnehin nicht, weil die Corporate Influencer aufgrund ihrer unterschiedlichen Positionierung sich auch in ihren Zielen voneinander unterscheiden. Denn ein Sales-Manager verfolgt andere Ziele als ein:e Kommunikatorin oder eine HR-Mitarbeiter:in. Das wirkt sich aufgrund der jeweiligen individuellen Netzwerke und Inhalte auch auf deren Reichweiten aus.

Manche Arbeitgeber befürchten, dass durch die Sichtbarkeit ihrer Mitarbeitenden einzelne Corporate Influencer das Unternehmen verlassen könnten. Dabei liegt das eher an der Firmenkultur und einem fehlenden Vertrauensverhältnis. Ein gutes Anzeichen für eine toxische Unternehmenskultur ist eine hohe Fluktuation der Mitarbeitenden. Wenn sich viele Beschäftigte freiwillig von ihrem Arbeitgeber trennen, verrät das viel.

Eine offene interne Kommunikation ist eine wichtige Voraussetzung für ein Corporate-Influencer-Programm. Beschäftigte sollten das Gefühl haben, sich im Unternehmen jederzeit mitteilen zu können. Fehlt der Austausch untereinander und wird dieser nicht gefördert, grenzen sich oft die Bereiche einer Firma stark voneinander ab und verharren in einer Silo-Mentalität.

In einem toxischen Umfeld halten Mitarbeitende ihre Informationen, ihre Ideen und Talente eher zurück, weil sie damit bisher auf Desinteresse gestoßen sind. Corporate Influencer wiederum gehen offen mit ihren Informationen um und teilen sie mit der Öffentlichkeit. Gleichzeitig ist für sie Feedback und Wertschätzung sehr wichtig.

Ob Sie ein Corporate-Influencer-Programm durchführen können oder nicht, ist durchaus ein gewisser Indikator für eine offene oder toxische Unternehmenskultur. Damit zeigen Sie, ob Sie Ihren Mitarbeitenden Vertrauen schenken.

5.2 Auswahl der richtigen Plattform für Corporate Influencer

Corporate Influencer haben sich meistens freiwillig für ihre Rolle entschieden. Also scheint es naheliegend zu sein, ihnen selbst die Wahl der Social-Media-Accounts zu überlassen. Schließlich müssen sie damit gut umgehen können. Das klingt auf den ersten Blick logisch.

Wenn ein Corporate Influencer auf zahlreichen Social-Media-Plattformen gleichzeitig aktiv ist und überall erfolgreich sein will, ist das Scheitern jedoch vorprogrammiert. Denn es kostet sehr viel Zeit, mehrere Social-Media-Accounts zu pflegen. Falls Sie dafür Ihren Corporate Influencer komplett freistellen, mag das halbwegs funktionieren. Oder wenn diese es in ihrer Freizeit machen. Ob das zu einer guten Content-Strategie, der Work-Life-Balance und Ressourcenplanung passt, ist jedoch eher fraglich.

Außerdem stellt sich die Frage, ob es überhaupt sinnvoll ist, auf allen Plattformen gleichermaßen aktiv zu sein. »Man sollte sich bei der Wahl der Kanäle nach der Zielgruppe richten, aber auch überlegen: Welcher Typ bin ich? Der Kanal muss auch zu mir passen«, empfiehlt Jochen Hencke, Teamlead Account Management bei der Schlüterschen Verlagsgesellschaft.

Authentisch wirkt die Kommunikation erst, wenn sie zur jeweiligen Person passt. Niemand sollte sich verstellen müssen. Wie glaubwürdig sind manche Führungskräfte auf TikTok oder Instagram wirklich?

Deshalb analysieren viele Entscheider:innen bereits beim Aufsetzen einer Content-Strategie und der Auswahl der Corporate Influencer die Social-Media-Plattformen. In der B2B-Kommunikation setzen die meisten Unternehmen auf die Businessplattform LinkedIn. Im Unterschied zu anderen Plattformen stellt sich hierbei nicht die Frage, ob Mitarbeitende sie privat oder beruflich nutzen.

LinkedIn ist derzeit sicherlich der richtige digitale Ort für die B2B-Kommunikation. Dennoch empfiehlt es sich, nicht nur auf eine Plattform zu setzen. Niemals sollten Sie vergessen, dass Sie auf LinkedIn nur ein Untermieter und von den dortigen Algorithmen abhängig sind.

Rund 2,2 Milliarden Mitglieder hatte Google+ in seinen Hochzeiten.[67] Viele kennen diese Plattform gar nicht mehr. Bis 2015 hatte Klaus Eck dort rund 72 000 Follower und hat regelmäßig viel Content veröffentlicht. In jenem Jahr kündigte sich der Abschied Googles vom eigenen Netzwerk an, bis es schließlich komplett geschlossen wurde. Dadurch war die gesamte Reichweite weg. Wenn LinkedIn die eigenen Grundbedingungen verändert oder gar in Zukunft schließen sollte, verlieren Sie nicht nur ein Netzwerk, sondern all Ihren Content, den Sie oder Ihre Corporate Influencer dort platziert haben.

Statt alles auf eine Karte zu setzen, empfiehlt es sich, die Ideen der Corporate Influencer für weitere Kanäle des Unternehmens einzusetzen und den Content zu kuratieren. Es gibt viele Möglichkeiten der crossmedialen Nutzung, die Sie in der Unternehmensstrategie berücksichtigen sollten. So lassen sich viele Ihrer auf LinkedIn oder anderen Plattformen geposteten Inhalte für eine Website, als Ideen für Blogs, Magazine, Podcasts, Videos oder Newsletter nutzen.

Zum Fliegen bringen Corporate Influencer ihren Content, wenn sie gezielt Plattformen auswählen, auf denen ihre Stakeholder aktiv sind. Das heißt jedoch nicht, dass sie nur auf LinkedIn, Xing, Facebook, Twitter, Instagram oder TikTok aktiv sein müssen.

Es empfiehlt sich, in dem Netzwerk mit den engsten und wichtigsten Businesskontakten zu publizieren. Am besten probieren Sie aus, über welche Kanäle die Content Distribution am besten funktioniert. Über eine Content-Analyse finden Sie das sehr schnell heraus. Private Netzwerke funktionieren in dieser Hinsicht nicht immer, weil dort fachliche Inhalte weniger stark gefragt sind.

5.2.1 Den Überblick über die Plattformen verlieren

Falls Ihre Corporate Influencer auf vielen Plattformen aktiv sind, sollten Sie diese dort mit Ihrem Support unterstützen und sie begleiten. Schließlich können Ihre Botschafter:innen erwarten, dass sie dort ebenfalls eine gewisse Advocacy erhalten. Ihr Kernteam sollte in der Lage sein, auf technische Kanalfragen einzugehen, Hilfestellung in der dortigen Kommunikation zu bieten und in Krisensituationen zu helfen. So etwas kostet Zeit und Geld und ist daher nicht zu unterschätzen.

Aus diesem Grunde konzentrieren sich die meisten Programme auf ein bis zwei Social-Media-Kanäle. Jeder Kanal, den Sie Ihren Corporate Influencern empfehlen, kostet zusätzliche Ressourcen, selbst wenn sich die Mitglieder einer Corporate-Influencer-Community untereinander helfen. Schließlich findet das Influencing in der Regel während der Arbeitszeit statt.

All das wird oftmals unterschätzt. Wenn Sie den Überblick über die Aktivitäten Ihrer Corporate Influencer verlieren, könnte sich das rächen, sobald Probleme auftauchen und Sie Ihre Akteure coachen müssen.

Bei der Plattform-Wahl sollte zudem der Aufwand für die jeweilige Social-Media-Aktivität nicht außer Acht gelassen werden. In unserer Tabelle stellen wir einige Corporate Influencer vor, die für ihre Unternehmen aktiv sind. Den Aufwand für die Content-Produktion bewerten wir von einfach bis sehr komplex (*, **, ***). Während kurze Texte in rund einer halben Stunde verfasst werden können, ist der Aufwand für längere Fachtexte oder Podcasts sehr viel größer. Wer außerdem regelmäßig professionelle Storys oder Videos für Instagram, TikTok oder YouTube erstellt, benötigt dafür noch mehr Zeit.

AUFWAND DER CONTENT-ERSTELLUNG	UNTERNEHMEN	PLATT-FORM NAME	BEST CASES/ PERSONAL BRANDS
*	Otto Société Générale	LinkedIn	Dr. Frederike Fritzsche Christoph Bauer
*	Charité – Universitätsmedizin Berlin	Twitter	Christian Drosten
*	Serviceplan Gruppe	Xing	Frank Behrendt
*	SYNAXON	Facebook	Maria Kornhoff
**	DATEV Scobleizer	Blog	Stefan Scheller Robert Scoble
**	Klinikum Dortmund	Instagram	Marc Raschke
***	Markt Beratzhausen	TikTok	Matthias Beer (TikTok-Bürgermeister)
***	Deutsche Bahn	Podcast	Jan Götze

Tabelle 4: Überblick über Best Cases/Plattformen für Corporate Influencer

5.3 Wie Sie Ihre Corporate-Influencer-Initiative garantiert scheitern lassen

Neben toxischen Unternehmenskulturen und einer falschen Fokussierung auf Plattformen gibt es noch weitere Möglichkeiten, ihre Corporate-Influencer-Initiative garantiert scheitern zu lassen. Jetzt geht es darum, klar herauszuarbeiten, welche Aktivitäten »ratsam« sind, um Erfolge ihrer

Initiative zu verhindern. Uns ist klar, dass sich manche dieser Tipps als die Kehrseite einiger bereits im Buch beschriebenen Empfehlungen darstellen. Dennoch: Wir wollen hier auch klar benennen, was sie **nicht** tun sollten. Also lesen Sie bitte die folgenden Kapitel aufmerksam und hoffentlich mit einem Schmunzeln im Gesicht.

- **Tipp 1: Etablieren Sie klare, mehrstufige Freigabeprozesse!**
  Kontrolle ist sehr wichtig, es geht schließlich um ihre Unternehmensreputation. Etablieren Sie deshalb ein Sechsaugenprinzip bei **jedem** geplanten Posting von Corporate Influencern und verteilen Sie den Freigabeprozess über drei Unternehmensfunktionen, zum Beispiel Unternehmenskommunikation, Personalmarketing und Werbung. Lassen Sie sich dabei viel Zeit, schließlich muss alles umfassend geprüft werden.

- **Tipp 2: Entfachen Sie persönlich möglichst viele Strohfeuer!**
  Gehen Sie den Weg des geringsten Widerstands und versuchen Sie, möglichst viele Feuer im Unternehmen zu entfachen. Holen Sie einfach jeden ab, der Ihre Einladung aus Trägheit nicht ablehnt. Je mehr es lodert oder glimmt, desto mehr kann entstehen. Je mehr Mitarbeiter:innen als Corporate Influencer aktiv sind, desto besser. Viel bringt viel und führt zu großartigen Ergebnissen in der Reichweite.

- **Tipp 3: Einfach schulen und laufen lassen!**
  Versuchen Sie bitte, keine Programmatik beim Aufbau erkennen zu lassen. Trainieren Sie bisher in Social Media unbedarfte Kolleg:innen mit einer einzigen Evaluation des Trainings und entlassen Sie Ihre Corporate Influencer in die Freiheit der vorher für die Kolleg:innen festgelegten Social-Media-Kanäle. Achten Sie darauf, dass Sie es immer persönlich und alleine tun und entlassen Sie die Kolleg:innen nach dem 45-Minuten-Impulsvortrag in ihren Arbeitsalltag, um das Gelernte alleine anzuwenden. Selbstständigkeit muss schließlich gefördert werden. Ihre Aufgabe als Initiator:in ist damit erledigt.

- **Tipp 4: Redigieren Sie jeden geplanten Post!**
  Bieten Sie jedem – vor allem neuen – Corporate Influencer an, die geplanten Postings zu redigieren. Überarbeiten Sie jeden eingesandten Post mehrfach und verändern Sie die Sprache in Ihre »Corporate Language«, um der »One-Voice-Policy« Ihrer Organisation möglichst perfekt gerecht zu werden. Rechtschreibfehler könnten das Unternehmen blamieren und müssen deshalb sofort geahndet werden.

- **Tipp 5: Seien Sie kein Vorbild!**
  Das Lernen von Vorbildern wird deutlich überschätzt. Mitarbeiter:innen verstehen, dass zum Beispiel Sie/der Vorstand über die Wichtigkeit von Social Media referieren, jedoch persönlich nicht aktiv sind. Wenn Sie keine Lust zum Kommentieren oder auf den Diskurs auf Social Media haben, dann lassen Sie es einfach sein. Jede:r muss sich doch »wohlfühlen« mit dem, was sie/er tut.

- **Tipp 6: Vermeiden Sie Lob!**
  Verfahren Sie nach der Methode »Nicht geschimpft ist genug gelobt«. Warum? Ganz einfach: Die Freude an der Social-Media-Arbeit, die ja auch mit Eigenprofilierung einhergeht, setzt schon genug Endorphine frei. Die ganze Wertschätzung und das Feedback kommen bei der Followerschaft der Corporate Influencer von ganz alleine. Verzichten Sie darauf, im Unternehmen über das Programm zu kommunizieren. Das spricht sich schon über den berühmten Flurfunk von alleine herum.

- **Tipp 7: Denken Sie Ihre Corporate-Influencer-Initiative als Projekt!**
  Denken und behandeln Sie Ihre Corporate Influencer als Projekt mit Start- und Endzeitpunkt. Eine wasserfallartige, strikte Projektplanung mit einzelnen Meilensteinen hilft Ihnen, immer »on track« zu sein. Dadurch können Sie jedem Corporate Influencer die richtigen Themen zuweisen und darauf vertrauen, dass Ihre Agenda über die persönlichen Accounts ausgespielt wird.

- **Tipp 8: Stellen Sie die Corporate-Influencer-Tätigkeit als Freizeitaktivität dar!** Social Media macht Spaß und lässt sich nebenher und am Wochenende machen. Wenn Sie als Arbeitgeber schon die Arbeitsmittel in Form eines Rechners bereitstellen, dann kann man auch erwarten, dass Mitarbeiter:innen dieser Tätigkeit in ihrer Freizeit nachgehen. Schließlich haben Corporate Influencer in der Arbeitszeit etwas Wichtigeres zu tun. Wer wirklich für sein Unternehmen brennt, wird mit großer Leidenschaft nebenher aktiv.

5.4. Wie wir wirklich aus Fehlern lernen können und was wir tun sollten

Wer auf einer Social-Media-Plattform einen Beitrag veröffentlicht, möchte kein negatives Feedback erhalten oder gar mit Hate Speech konfrontiert werden. Es gehört manchmal viel Mut dazu, in der digitalen Öffentlichkeit aktiv zu werden. Wer im offiziellen Auftrag seines Unternehmens agiert, regelmäßig auf seinem eigenen Social-Media-Account Postings veröffentlicht und Vorträge hält, macht dabei immer mal wieder Fehler.

Das war schon vor einem Corporate-Influencer-Programm so, allerdings mit dem wichtigen Unterschied, dass es nun ein Corporate-Influencer-Kernteam gibt, welches auf die einzelnen Aktionen achtet und Feedback geben kann. Content Creation ist im Rahmen eines Programms ein bewusster Prozess, weil damit durchaus Businessziele verbunden sind. Zwar bleibt es immer eine persönliche Entscheidung, inwieweit der einzelne Corporate Influencer mit einem Posting auf die eigene Reputation einzahlt, doch es wird stärker wahrgenommen.

Für die höhere Sichtbarkeit bezahlt jeder Corporate Influencer den Preis einer größeren Aufmerksamkeit. Wenn das Vertrauen in die eigene Unternehmenskultur groß ist, stellt das kein größeres Problem dar.

Während die Organisation in einem Corporate-Influencer-Programm unter einem gefühlten Kontrollverlust leidet, erlebt ein:e Botschafter:in das Gegenteil. Mit einem Male wird den Aktiven bewusst, dass sie unter

Beobachtung stehen. Wenn diese sich negativ auswirkt und zur Kontrolle der Content-Produktion führt, demotiviert es viele Personal Brands unter den Corporate Influencern. Denn sie vertrauen dann ihrer Organisation nicht mehr und fühlen sich gegängelt, selbst wenn das niemand beabsichtigt.

Corporate Influencer machen wie wir alle Fehler, weil das zutiefst menschlich ist. Wie sich das insgesamt auf eine Corporate-Influencer-Strategie oder die gesamte Organisation auswirkt, ist stark von dem Umgang mit diesen Fehlern abhängig. Im Businessalltag tun sich viele Mitarbeitende damit schwer, eigene wie fremde Fehler zuzulassen. Wenn Fehler als solche ständig benannt werden, entsteht ein enormer Druck, dem Einzelne entgehen, indem sie nichts mehr publizieren. Wer nichts mehr sagt, erhält kein Feedback, wird aber damit auch nicht mehr infrage gestellt. Der Status quo gerät nicht in Schieflage, aber es verändert sich durchs mediale Nichtstun auch nichts zum Positiven.

Dabei ist eine Lernkultur von großer Bedeutung für die gemeinsame Vertrauensbasis. Wenn Corporate Influencer in ihrer neuen Rolle aktiv sind, dann werden sie aufgrund des öffentlichen Feedbacks im Laufe der Zeit immer besser, weil sie lernen, immer erfolgreicheren Content zu erstellen.

Eine gesunde Unternehmenskultur fördert das lebenslange Lernen der Mitarbeitenden und räumt ihnen ein, dass Fehler passieren können. Im sozialen Umgang sollte nicht allzu sehr auf Fehler hingewiesen werden, damit die Akteure nicht ihre Motivation verlieren. Stattdessen gilt es, einzelne Coachings und Trainings auf freiwilliger Basis anzubieten, in denen Corporate Influencer ihre Fähigkeiten in der Kommunikation und Content Creation verbessern können.

Leider neigen viele Menschen dazu, andere zu korrigieren. Das fängt bei Schreibfehlern auf LinkedIn an und wird schnell persönlich. Wer Fehler zulassen kann, gibt ein wenig die Kontrolle ab. Das Außenbild, Image, soll einfach stimmen, möglichst perfekt sein, dem Branding eines Unternehmens gemäß. Natürlich zahlen sichtbare Mitarbeiter:innen darauf ein. Sie repräsentieren das Unternehmen mit ihren Aktivitäten.

Manchmal wird das einer Organisation erst klar, wenn ein Corporate-Influencer-Programm offiziell aufgesetzt worden ist. Vorher gab es zwar auch Fehler. Diese wurden jedoch nicht benannt und blieben unsichtbar, weil sie ignoriert worden sind. Wenn Corporate Influencer aktiv gefördert werden, könnte das deren vermeintliche Fehler sichtbarer machen.

Dem Perfektionswillen einer Organisation, alles richtig zu machen, laufen Rechtschreibfehler oder Recherchefehler zuwider. Es sind kleinere Störfaktoren, die sich durch eine redaktionelle Korrektur beseitigen lassen. Gute Texte erhalten eine positivere Resonanz. Deshalb sollten Corporate Influencer beim Texten eine gewisse Unterstützung vom Kernteam erhalten.

Viele Mitarbeiter:innen wollen keinen Fehler machen und haben eine gewisse Angst vor anderen, die ihnen bei jeder Gelegenheit die eigenen Rechtschreib- und Grammatikfehler ungefragt vorhalten. Unter diesem Druck verzichten viele dann lieber darauf, im Social-Media-Bereich überhaupt noch etwas zu tun. Denn die beste Fehlervermeidung ist das Nichtstun. Niemand ist gerne der Schuldige und macht Fehler. Aus diesem Grunde sollten Sie bei Ihren Verbesserungsvorschlägen immer bedenken, wie das auf Corporate Influencer wirkt.

Wenn Sie die Beiträge Ihrer Kolleg:innen »verbessern« und auf deren Fehler hinweisen, könnten Sie jene Kolleg:innen »vorführen«. Eine solche Auswirkung wäre fatal und schadet der Motivation der freiwilligen Content-Ersteller und wäre damit für das Aufsetzen eines Corporate-Influencer-Programms absolut hinderlich.

In der Regel haben nur wenige Menschen gelernt, journalistisch zu arbeiten. Deshalb ist es nicht verwunderlich, dass nicht jede:r mit der Orthografie gut umgehen kann. Das Feedback auf den eigenen Content ist ungewohnt, erinnert an die Schulerfahrungen und daran, nicht mehr selbstbestimmt auf dem eigenen LinkedIn-Profil agieren zu können.

Die Auswahl der Aktiven schränkt sich erheblich ein, wenn die Kommunikations- und Schreibfähigkeiten zur Grundlage genommen werden.

> Grundsätzlich gilt: So manche Schreibschwäche von Corporate Influencern lässt sich durch eine profunde fachliche Expertise ausgleichen.

In Social Media kommt es vor allem darauf an, überzeugende Inhalte darzubieten. Vieles davon lässt sich durch gezielte Übungen und regelmäßiges Training lernen. Ganz hilfreich sind hierbei Schulungen, die die Fähigkeiten in der Content Creation im Vorfeld unterstützen. Tipps und Tricks gehören in jede gute Corporate-Influencer-Guideline und helfen dabei, die gröbsten Fehler zu vermeiden.

Idealerweise haben Sie eine Vertrauenskultur, in der sich die Content Creators an ihre Kolleg:innen wenden können, wenn Sie einen Beitrag im Vieraugenprinzip überprüfen oder verbessern lassen wollen. Das sollte als Möglichkeit im Raum stehen, aber keinesfalls den Eindruck der Kontrolle oder Zensur erwecken. Die meisten Fehler werden ohnehin in Social-Media-Postings gar nicht erst entdeckt oder sind spätestens bei neuen Postings vergessen.

Außerdem können Sie die für Ihr Unternehmen wichtigsten Plattformen auswählen und bei der Auswahl der möglichen Corporate Influencer berücksichtigen, wie gut diese schreiben oder sprechen können. Wenn Sie eine Auswahl getroffen haben, sollten Sie deren Kommunikationsfähigkeiten gezielt unterstützen.

Eine offene Unternehmenskultur erlaubt den Mitarbeitenden mehr Freiheiten, lässt zu, dass diese schneller und selbstbestimmter agieren können. Dabei müssen Corporate Influencer nicht so perfekt wie eine offizielle Verlautbarung oder Pressemitteilung sein. Manchmal sind selbst die Texte eine Mischung aus mündlicher und schriftlicher Sprache. Viel wichtiger ist, ob die Corporate Influencer mit ihren Inhalten ihre Zielgruppen abholen können und damit erfolgreich sind.

Beim persönlichen LinkedIn-Profil wie auf jedem anderen gefühlt »privaten« Social-Media-Account sollte das Unternehmen sich deshalb möglichst wenig inhaltlich einmischen. Ansonsten verlieren Sie Ihre Corporate Influencer schneller wieder, als Sie sie gewinnen konnten.

Beiläufig können massive Fehler in der Orthografie oder Grammatik durchaus verbessert werden. Aber das sollte eine Nebensache sein, damit die Organisation nicht das Vertrauen ihrer Mitarbeitenden verliert.

Anders sieht es jedoch bei fachlichen Fehlern aus. Auf diese können und sollten Sie gegebenenfalls hinweisen, damit keine Falschinformationen über Ihre Marke verbreitet werden. Was das Branding angeht, genügt oftmals im Vorfeld ein Hinweis auf die Design Guidelines. Hierbei gilt erneut: Ein persönlicher Social-Media-Account wird von einem Menschen gepflegt, der Fehler machen kann und darf. Bekleidet dieser keine öffentlichkeitswirksame Position im Vorstand oder in der Kommunikation, gelten seine Posts als persönliche Meinungsäußerung und nicht gleich als offizielle Position des Unternehmens.

In einer lernenden Organisation sollten Corporate Influencer an ihren Aufgaben wachsen und Hilfen in Anspruch nehmen, wenn sie diese wirklich benötigen und danach fragen.

Idealerweise gibt es Rahmenbedingungen und eine Advocacy, die ein Lernen aus Fehlern ermöglicht. Daraus gehen Corporate Influencer oft motivierter und erfolgreicher hervor. In manchen Organisationen finden sich Corporate Influencer im Sinne des gemeinsamen Austausches zusammen und helfen einander, Fehler zu beseitigen und gemeinsam neue Content-Ideen zu entwickeln.

Wie wichtig eine gute Unternehmenskultur ist, macht eine Studie von Heidrick Consulting, einem Geschäftsbereich der Personalberatung Heidrick & Struggles, deutlich. Demnach wachsen und gedeihen Organisationen mit einer guten Firmenkultur. Die Befragung von weltweit 500 Vorstandschefs ergab, dass viele Chefs die Unternehmenskultur an erster Stelle der Erfolgsfaktoren für ihr Wachstum sehen.[68]

> Wir empfehlen Ihnen, online mutiger zu sein, über Ihre fachliche Expertise hinauszugehen und einen Teil Ihrer Persönlichkeit zu offenbaren.

Sie werden überrascht sein, wie positiv Ihr Umfeld darauf reagiert, wenn Sie mutig sind und sich menschlich zeigen, andere loben und auch manchmal eigene Schwächen und Fehler eingestehen.

Als kommunikative Wesen sollten wir alle lernen, im digitalen Raum besser den Kontakt miteinander zu pflegen, freundlich zueinander zu sein und anderen ihre Fehler zuzugestehen. Die falsche Angst vor Emotionen in der Kommunikation nimmt uns Chancen, anderen digital näherzukommen und ihnen unsere Wertschätzung offen zu zeigen. Das Risiko, sich öffentlich zu bedanken und andere Menschen zu loben, sollten wir eingehen.

6

TOOL-BOX

Wie sagte der französische Schriftsteller Victor Hugo schon so treffend:

> »Nichts ist mächtiger als eine Idee, deren Zeit gekommen ist.«

Wir möchte Ihnen auf den folgenden Seiten die Möglichkeit geben, aus der Ideenkiste der Weisheit der Massen zu greifen, denn wir haben für Sie verschiedene Inspirationen aus verschiedenen Corporate-Influencer-Programmen zusammengetragen – und das auf drei Ebenen:

- **Mikro**-Interventionen, kleine Dinge und Aktivitäten, die jede:r Corporate Influencer schon am selben Tag umsetzen kann.
- **Meso**-Aktivitäten: Dinge, die etwas Planung oder Koordination bedürfen und bei denen man sich am besten gleich mit einigen anderen Corporate Influencern zusammentut.
- **Makro**-Initiativen: Meistens durch eine Fachseite angestoßen, entsteht eine längerfristige Co-Kreation mit Corporate Influencern, die zum Beispiel durch formale Berichterstattung begleitet wird.

6.1 Kleine Content-Inspirationen für den Alltag (Mikro)

Wir haben Ihnen einige Content-Inspirationen zusammengestellt, die im täglichen Arbeitsablauf schnell durchgeführt werden können und so einfach Content entstehen lassen:

- Selfie/Gruppenfoto
- Farbe bekennen für Ihren Arbeitgeber
- Guerilla-Marketing mit Unternehmenskugelschreiber
- Charity: Versteigerungen für einen guten Zweck
- Kundengewinnung mit Unternehmensrucksack
- Jobhinweise mit Teamspirit
- Tool-Tipps – was den Arbeitsalltag eines Corporate Influencers leichter macht

- **Selfie/Gruppenfoto**
  Menschen lieben Menschen. Um als Corporate Influencer die Unternehmenswahrnehmung positiv zu beeinflussen, reicht es schon mal, ein Gruppenfoto von einem gemeinsamen Event zu posten. Wichtig dabei: Nutzen Sie den Kommunikationsanlass »Foto«, um zum Beispiel auf einen besonderen Aspekt der Community oder ein Diskussionsthema einzugehen – und posten Sie nicht einfach nur ein Bild.

  Beispiel:
  Gruppenfoto-Post
  #influBenzer

- **Farbe bekennen für Ihren Arbeitgeber**
  Oft bleiben Corporate Influencer mit den Chancen hinter ihren Möglichkeiten zurück, ihrer Umwelt zu signalisieren, für wen sie arbeiten. Was bei Außendienstmitarbeiter:innen mit Dienstkleidung einfach funktioniert, muss bei Büro- und Wissensarbeiter:innen bewusst entschieden werden. Die Variationen, um in der Öffentlichkeit mit ihrem Arbeitgeber in Verbindung gebracht zu werden, sind dabei vielfältig: Winfried Ebner wurde bereits sehr oft angesprochen, weil er seine Unternehmensschuhe und ein Armband in Unternehmensfarben trägt und seinen Laptop mit einem Aufkleber verschönert. Die daraus entstehenden Geschichten sind der Stoff, aus dem die nächsten Social-Media-Postings entstehen.

- **Guerilla-Marketing mit Unternehmenskugelschreiber**
  Schon mit kleinen Dingen kann man etwas bewegen, denn so ein Kugelschreiber in Unternehmensfarben oder mit Logo kann eine bunte Botschaft für Groß und Klein sein.

  Besonders im privaten Umfeld gibt es immer wieder die Möglichkeit, einen besonderen Impuls zu setzen. Eine Mikro-Guerilla-Marketing-Aktion kann zum Beispiel schon dadurch umgesetzt werden, indem der vorhandene 08/15-Kugelschreiber einer Unterschriftenliste des Kindergartens gegen ein besonders leuchtendes Exemplar in Unternehmensfarben ausgetauscht wird. Dieser Streuartikel als Werbemittel wird so täglich von bis zu 40 verschiedenen Eltern, Großeltern, Verwandten in die Hand genommen, um Kinder ein- und auszutragen. Das ist Werbung, die wirkt.

- **Charity: Versteigerungen für einen guten Zweck**
  Es gibt genügend Anlässe und Möglichkeiten, für einen guten Zweck eine Spendenaktion zu initiieren. Sei es die Hilfe bei einer der Naturkatastrophen in der Welt, Unterstützung von denjenigen, die besonders durch Corona betroffen sind, oder auch die Flutkatastrophe im Ahrtal. Eine Versteigerung gibt die Möglichkeit, die Aufmerksamkeit für eine etwas andere Art der Spendenakquise, zum Beispiel via eBay, zu nutzen. Außerdem ist es möglich, durch das versteigerte Accessoire die Wertigkeit der eigenen Marke zu unterstreichen. Im konkreten Beispiel hatte eine Magenta-Maske bei der Versteigerung 1000 Euro erbracht, die dem Betreuungswerk Post Postbank Telekom als Spende zugegangen ist – hinzu kam viel Aufmerksamkeit in den sozialen Medien.

  Beispiel:
  1000 Euro für eine Magenta-Maske und den guten Zweck

- **Kundengewinnung mit Unternehmensrucksack**
  Als Corporate Influencer sollte man immer – auch optisch – Möglichkeiten schaffen, den Startpunkt eines Gesprächs oder einer Interaktion zu fördern. Die gelingt einer Corporate-Influencer-Kollegin in ganz besonders guter Art und Weise: Sie ist mit einem Rucksack in Unternehmensfarben auf der Kirmes in Zwickau unterwegs, als sie auf einmal jemand von hinten antippt. Als sie sich umdreht, steht eine ältere Dame vor ihr, die fragt, ob sie beim Magenta-Riesen arbeite. Sie nickt und fragt, ob sie ihr denn behilflich sein könne … Und ob: Die Dame erzählt ihr, dass sie mit ihrem aktuellen Anschluss immer nur Probleme habe und gerne zurückwechseln möchte. Zwischen Kinderkarussell und Zuckerwattestand gab meine Kollegin der Dame ihr Wort, sich persönlich um ihr Anliegen zu kümmern. Und einige Wochen später konnte die ältere

Dame einen schnellen Breitbandanschluss genießen. Es konnte eine neue, glückliche Kundin gewonnen werden – durch einen Rucksack in Unternehmensfarben.

- **Jobhinweise mit Teamspirit**
  Statt einfach nur auf eine Jobanzeige zu verweisen oder diese nur mit einem Satz auf LinkedIn anzuteasern, können Sie auch erläutern, warum Sie sich über neue Kolleg:innen freuen. Verraten Sie, welche Menschen und welche Aufgaben die Bewerber:innen in Ihrem Unternehmen und Ihrem Bereich erwartet. Oder noch einen Schritt weiter: Posten Sie ein Teamfoto, aus dem heraus deutlich wird, dass eine Stelle offen ist, und das einen guten ersten Eindruck von dem Team vermittelt.

- **Tool-Tipps – was den Arbeitsalltag eines Corporate Influencers leichter macht**
  Corporate Influencer sind auch Wissensarbeiter, die sich im Strom der täglichen Informationsüberreizung zurechtfinden müssen. Deshalb ist es ratsam, als Content auch Tool-Tipps zu formulieren, die die eigene Arbeitsproduktivität verbessern. Hier eine Auswahl von Tools, die uns das Wirken als Corporate Influencer erleichtern:
  - **Canva** erlaubt es, einfache oder komplexe Grafiken für Social Media zu erstellen. Es ist ideal für die schnelle Content Creation von Visuals.
  - **DayOne** ist ein einfaches Tagebuch, das Methoden wie Journaling sehr gut unterstützt und durch Einfachheit überzeugt.
  - Bei **Evernote** ist das Logo Programm: Der Elefant vergisst nichts und eignet sich gut zum Sammeln, Ordnen und Finden von Notizen, Dokumenten und Fotos in verschiedenen Formaten. Dabei können die Links, Artikel und PDFs über alle Geräte hinweg genutzt werden, wenn Sie sie für die Content Creation benötigen.
  - **Hashtags** sind auf LinkedIn sehr gut für die Recherche zu einem Fachthema. Wenn Sie auf einen Hashtag klicken, können Sie diesem einfach folgen und dadurch Themen abonnieren.

- **Trello** ist ideal für das Festhalten erster Ideen und das eigene Content Management. Per Drag and Drop lassen sich die Kacheln mit den Inhalten nach dem Kanban-Prinzip verschieben.
- **Leadjet** erlaubt das Überführen von LinkedIn-Kontakten in ein CRM-System. Das ist besonders gut für das Social Selling geeignet.
- **Linktree** ist ideal für mehrere Social-Media-Links in einem Profil. Es wird besonders häufig bei Instagram genutzt.
- **Pocket** ist als Browser-Erweiterung zu installieren oder kann eigenständig genutzt werden, um darüber Blogs, Podcasts, Nachrichtenquellen, Webseiten und Videos mit einem Klick auf eine Schaltfläche in der Cloud zu speichern, sodass man später auf den gespeicherten Content von überallher zugreifen kann.
- **LanguageTool** ist sehr hilfreich, um direkt beim Schreiben die eigenen Rechtschreibfehler und Grammatikfehler aufzuspüren. Es ist für alle gängigen Browser und Textverarbeitungsprogramme erhältlich. Auf diese Weise können Sie in Ihren Texten die gröbsten Flüchtigkeitsfehler vermeiden. Wir nutzen den intelligenten Schreibassistenten für LinkedIn und Google Docs.
- **LinkedIn Bookmarking**: Es gibt im persönlichen LinkedIn-Bereich eine Rubrik namens »gespeichert«, die sehr praktisch ist, wenn Sie wenig Zeit haben. Statt alle Postings immer sofort zu lesen, können Sie Ihre LinkedIn-Lektüre einfach speichern, indem Sie bei einem Beitrag auf die drei Punkte oben rechts klicken und diesen dann für später sichern. Der Beitrag erscheint dann unter »gespeichert«.
- **MindMeister** ist eine Mindmapping-Anwendung, mit der Sie Ihre Gedanken über die Cloud visualisieren, teilen und präsentieren können.
- **Twitter-Listen:** Darüber können Sie in einem Bereich der Plattform Twitter gezielt Bracheninhalte von Fachexpert:innen oder -medien verfolgen.

6.2 Zusammen im Team mehr Aufmerksamkeit gewinnen (Meso)

Nachfolgend finden Sie eine Reihe von Projekten oder Tätigkeiten, die einen gewissen Planungsaufwand bedeuten oder die mehrere Corporate Influencer gemeinsam in Aktion bringen oder sie vorstellen. Das sind zum Beispiel:

Allgemeine Beispiele:

- Corporate-Influencer-Hashtags
- Impulse und Vorträge auf Veranstaltungen
- Social Buzz für Events/Twitter-Ritter und -Engel
- Stickerbogen für Corporate Influencer
- Take-over des Corporate-Social-Media-Accounts
- Jubiläum
- Memes
- Content Curation auf offiziellen Kanälen
- Podcasting mit Corporate Influencern
- Corporate-Influencer-Zertifikate

Einzelbeispiele aus bestimmten Unternehmen:

- Corporate-Influencer-Quartett
- Das Wildgehege: Der Stammtisch gegen soziale Isolation
- Do-it-yourself: Das Bienenhotel
- International Virtual Office Tour

Corporate-Influencer-Hashtags

Die Nutzung von eigenen Hashtags für das Corporate-Influencer-Programm hat sich bereits in einigen Organisationen etabliert.

Der Kreativität sind dabei wenige Grenzen gesetzt. Meist handelt es sich um selbst ausgedachte Wörter und Begriffe, die vorher noch recht selten verwendet wurden. Wichtig dabei ist, dass der Hashtag an sich nicht zu werblich ist. Manchmal kann es sogar passieren, dass ein Hashtag ein Programm repräsentiert, ohne im direkten Unternehmenskontext zu stehen. #Werkstolz ist ein Beispiel dafür. Obwohl andere Unternehmen auch Werke haben und gewiss stolz auf ihre Produkte sein können, dominiert die Unternehmensfarbe der Telekom.

Ein anderes, gutes Beispiel ist Otto. Unter dem Hashtag #OTTOinside geben Corporate Influencer Einblicke hinter die Kulissen des Handels- und Dienstleistungsunternehmens aus Hamburg.

Es gibt auch zahlreiche weitere Beispiele, wie #InfluBenzer, #klinikumdo oder #TeamLV1871. Ihnen gemein ist ihre Wirkung: Gemeinsame Hashtags stärken das Community-Gefühl, sie machen die Corporate Influencer sichtbarer, helfen beim Agenda-Setting und dienen als einfache Informations- und Einstiegsquelle bei der Recherche. Außerdem helfen gemeinsame Hashtags dabei, die Kraft der Gruppenkommunikation sichtbar zu machen.

Impulse und Vorträge auf Veranstaltungen

Mit steigender Bekanntheit der Corporate-Influencer-Initiative besteht auch mehr und mehr die Möglichkeit, auf Fachkonferenzen oder bei anderen Unternehmen Impulsvorträge zu geben oder Workshops zu halten, um die eigenen Erfahrungen weiterzugeben. Für den einzelnen Corporate Influencer ist das auch eine gute Möglichkeit, über die Tätigkeiten der Community zu reflektieren, um konzentriertes Feedback zu erhalten.

Der Nutzen des Impulsvortrags bei einer internen Veranstaltung (wie zum Beispiel das jährliche Treffen der Auszubildenden oder auch der Berufseinsteiger:innen) liegt vor allem darin, über die Community zu informieren und neue Mitglieder zu werben, die dann in den Onboarding-Call eingeladen werden.

Microsoft hat 2020 sogar ein Speakers Bureau aufgebaut, über das die eigenen Corporate Influencer als Sprecher:innen vermittelt werden.

Social Buzz für Events/Twitter-Ritter und -Engel

Eine einfache Möglichkeit für einen Fachbereich, dass mehr über ein Event gesprochen wird, ist das Einladen von Corporate Influencern. Sie haben dann den konkreten Auftrag, vor Ort und über das Event in ihrer persönlichen Art und Weise zu berichten. Auch können Corporate Influencer eine

Enabling-Funktion übernehmen: An Firmen-Events wie Weihnachtsfeiern haben sie zum Beispiel als »Twitter-Engel oder -Ritter« die Aufgabe, Bilder von der Veranstaltung zu posten, die nicht nur ein Trending Topic auf Twitter werden, sondern auch gleichzeitig auf Social Walls der Veranstaltung gezeigt werden können (siehe Kapitel 7.2 »Corporate Influencer im Schwarm«).

Stickerbogen für Corporate Influencer

Erinnern Sie sich noch an die Aufkleber der sehr erfolgreichen Landes-Marketingkampagne von Baden-Württemberg, die 1999 durch den Slogan »Wir können alles. Außer Hochdeutsch« bekannt geworden ist? Auf den Aufklebern steht:

»Nett hier. Aber waren Sie schon mal in Baden-Württemberg?«

Bilder von diesen Aufklebern, die weltweit auf Gipfelkreuze, aber auch Strandbars verteilt worden sind, fluten seither Social Media und machen den Erfolg dieser Kampagne aus.

Wie das Beispiel zeigt, kann mit geringem Aufwand zusammen mit dem Marketingbereich ein Stickerbogen entwickelt werden, deren Aufkleber von Corporate Influencern auf ihren persönlichen Geräten wie Smartphones oder Laptops gerne genutzt werden. Dem Rechner eine solche persönliche Note zu geben und damit im öffentlichen Raum wie Zügen zu arbeiten, gibt zahlreiche Möglichkeiten – zum Beispiel zu Gesprächen mit anderen Mitreisenden.

Beispiel

»Mein Laptop ist Werbefläche für die Telekom.«

Take-over des Corporate-Social-Media-Accounts

Es klingt so einfach, wird jedoch noch viel zu selten praktiziert: Der Corporate Account einer Organisation überlässt für einen Tag/eine Woche den Corporate-Social-Media-Account dem Corporate Influencer und verhilft ihm so zu mehr Reichweite und Wirkkraft. Noch vor Jahren sind Social-Media-Manager »vor Ort« gegangen, um Beteiligten das Mikrofon unter die Nase zu halten, jetzt gibt man das Mikro einfach ab – an Corporate Influencer, die bereits mit den persönlichen Accounts Erfahrungen sammeln konnten.

Begleitet mit einer kurzen Guideline der Corporate-Account-Verantwortlichen ist eine solche Aktivität ein echter Gewinn für alle Beteiligten. Der Corporate Account erhält authentische Kommunikation und der Corporate Influencer in der Regel größere Reichweiten und Reputation.

Jubiläum: Ein Jahr Corporate Influencer

Bedanken Sie sich bei Ihren Corporate Influencern, wenn Sie ein, zwei oder mehrere Jahre aktiv sind. Solche Jubiläen bieten gute Anlässe, die Botschafter:innen öffentlich zu feiern und miteinander zu vernetzen. Nutzen Sie dafür Ihre offiziellen Social-Media-Kanäle und Ihr Social Intranet.

Stellen Sie jährlich die Highlights des vergangenen Jahres vor. Welche Erfolge gab es in Ihrem Corporate-Influencer-Programm? Was hat besonders gut funktioniert? Wer ist neu dabei? Je mehr Sie hierbei auf Transparenz setzen und Ihre Community feiern, desto mehr Aufmerksamkeit ist Ihnen sicher.

Zeigen Sie dazu Teamfotos und viele Bilder zu Ihrem Programm auf Ihrer Website und in Social Media.

Memes: Warum ich gerne bei meinem Unternehmen arbeite

Lustige Fotos oder Videos können im Internet viral gehen und werden dann als Meme bezeichnet, weil sie so stark verbreitet werden. Auf diesen Ansatz setzt beispielsweise die Versicherungskammer Bayern.

Sie bat ihre Corporate Influencer, eine einfache Frage zu beantworten: »TOP-Gründe, warum ich gerne im Konzern Versicherungskammer arbeite.« Darauf sind zahlreiche Mitarbeitende eingestiegen und haben in ihren LinkedIn-Postings erläutert, was sie dazu motiviert, in ihrem Unternehmen zu arbeiten. Zusätzlich zur Frage gab es von ihrer Firma Bildvorlagen, die sich personalisieren lassen.

Wir finden, dass das ein kreativer Ansatz ist, über den ein Arbeitgeber sein Employer Branding verbessern kann. Statt über Mitarbeitende zu berichten, gibt man ihnen Werkzeuge in die Hand, damit sie dieses selbst übernehmen.

Content Curation auf offiziellen Kanälen

Einige ausgewählte Inhalte der Corporate Influencer lassen sich sehr gut für die Mehrfachvermarktung nutzen. Wenn einzelne LinkedIn- oder Instagram-Postings der Mitarbeitenden herausragen, sollten sie nochmals in der Social-Media-Kommunikation über offizielle Kanäle gespielt und dadurch unterstützt werden. Auf diese Weise werden die Unternehmenskanäle kreativer und persönlicher.

Podcasting mit Corporate Influencern

In dem »LV 1871 to Go«-Podcast diskutieren einige Corporate Influencer regelmäßig über die Digitalisierung und modernen Vertrieb in der Versicherungsbranche. In anderen Corporate Podcasts sind ebenfalls Unternehmensbotschafter:innen die Gastgeber. Über ihr Social-Audio-Angebot können Inhalte der Corporate Influencer in all ihren Facetten gespielt und über Social Media geteilt werden. Genauso können Sie ihre Corporate Influencer gezielt als Expert:innen in andere Podcasts vermitteln.

Corporate-Influencer-Zertifikate

Zum Abschluss eines Corporate-Influencer-Programms müssen die Beschäftigten der Schlüterschen Verlagsgesellschaft eigene »Heldenstücke« abliefern und erhalten dafür ein Zertifikat. In vielen Trainings und Schulungen bekommen die Teilnehmenden für ihren Abschluss eine Art Zeugnis, das die Social-Media-Fähigkeiten testiert.

Viele Angestellte wünschen sich einen Beleg über ihre neuen Kenntnisse, die sie im Rahmen ihrer Fortbildung erlangt haben. Das ist wichtig als Nachweis für die eigene Karriereplanung und lässt sich zudem sehr gut in Social Media teilen. Den Stolz sollten Sie fördern.

Nun möchten wir Ihnen noch ein paar konkrete Beispiele vorstellen, die so besonders sind, dass sie sogar eigene Namen erhalten haben, die man sofort mit den jeweiligen Unternehmen in Verbindung bringt:

Corporate-Influencer-Quartett

Menschen lieben Geschichten, die von Menschen erzählt werden. Die konsequente Ausrichtung der Aktivitäten der Community auf den Menschen führt unweigerlich dazu, auch Einstiegspunkte über die Menschen zu kreieren – den Menschen »hinter« dem Corporate Influencer.

Das Corporate-Influencer-Quartett wirft das Scheinwerferlicht auf die Menschen, die die Geschichten erleben und erzählen.

Das Besondere an einem solchen Quartett ist, dass es sowohl analog als auch digital gut funktioniert. Ein gedrucktes Kartenspiel gibt immer wieder Möglichkeiten, auf Social Media über Menschen und deren Geschichten zu berichten. Das digitale Abbild stellt jeden Corporate Influencer mit drei Fragen und drei Antworten vor, um danach auf eines seiner erlebten Geschichten im Unternehmenskontext zu verweisen.

Beispiel
Das Corporate-Influencer-Quartett

Das Wildgehege: Der Stammtisch gegen soziale Isolation

Aus einem Twitter-Dialog mit Kolleg:innen von Daimler kam Manuela Wild auf die Idee, einen lockeren Austausch außerhalb der Arbeitszeit zu initiieren, um sich einfach mal ohne Agenda oder konkrete Ziele auszutauschen. Das #Wildgehege in Form eines virtuellen Stammtisches war geboren. Seit Mitte März 2020 treffen sich nun jeden Donnerstagabend rund 30 Personen im Rahmen einer Videokonferenz. Der Teilnehmer:innen-Kreis ist breit gestreut über Unternehmensgrenzen hinweg. Anfangs ging es natürlich sehr viel um die Auswirkungen von Corona, mittlerweile sind die Themen aber sehr vielfältig. Einzige Konstante: Wer neu ist, stellt sich vor.

Beispiel
Mehr über diesen besonderen Corona-Stammtisch von Corporate Influencern

Do-it-yourself: Das Bienenhotel

Corporate Influencer Tim Trünkle ist ein Macher: Sei es in seinem Job oder auch im Rahmen seiner vielfältigen Do-it-yourself-Projekte zeigt er immer wieder, wie magenta sein Herz schlägt. Und dass ihm unsere Umwelt wichtig ist, zeigt er durch die Umsetzung des Bienenhotels, das auf den Dächern eines Standorts in Leinfelden-Echterdingen aufgestellt wurde.

Beispiel
Die ganze Geschichte des Bienenhotels

International Virtual Office Tour

Was ist schöner, als sein eigenes Zuhause der Welt zu zeigen? Oder das Office, in dem wir viel Zeit unseres Lebens verbringen? Aus der Not (da man sich nicht treffen kann) der Coronapandemie entsteht die Idee, den eigenen Standort im Rahmen einer Videokonferenz der Community zu zeigen – ergänzt um Informationen zur Location, der Stadt, den Menschen und dem Land.

Selbst koordiniert durch die Corporate Influencer, entsteht eine Projektgruppe, die vor Weihnachten eine International Virtual Office Tour organisiert. Innerhalb kürzester Zeit entsteht so die Möglichkeit, zum Beispiel die Länder Slowakei, Spanien, Frankreich, Griechenland, Singapur, Kroatien, Mexiko oder die USA virtuell zu bereisen – und so einfach mehr über die Arbeitskolleg:innen vor Ort zu erfahren.

Beispiel
Einladung zur virtuellen Office-Tour – hier: USA-Standort Bellevue/Seattle

6.3 Strategische Initiativen gemeinsam mit Fachbereichen entwickeln (Makro)

Oftmals wird der Aufbau eines Corporate-Influencer-Programms durch ein oder zwei Fachbereiche initiiert. Wenn das zum Beispiel der Personalbereich ist, dann liegt es nahe, dass den Corporate Influencern dabei geholfen wird, HR-Aktivitäten wie Recruiting oder Employer Branding mit zu unterstützen, um die eigenen Ziele besser zu erreichen. Aus unserer Sicht greift diese Herangehensweise allerdings zu kurz, da auch andere Fachbereiche durch engagierte Mitarbeiter:innen profitieren können. So entstehen langfristige Kooperationen zwischen Fachbereichsaktivitäten und der Corporate Influencer (siehe Kapitel 2.2 »Communitys«), wie zum Beispiel:

- Tag der Leitlinien/der Unternehmenskultur
- Empowering via Media Hubs
- Thematische Ausdifferenzierung/Schwester-Communitys
- Personalisierung einer Werbekampagne

Tag der Leitlinien/der Unternehmenskultur

Die Leitlinien einer Organisation stellen die Basis für die Zusammenarbeit für Kunden, Anteilseigner und die Öffentlichkeit dar. Es sind die Menschen – Mitarbeiter:innen und Führungskräfte –, die diese Werte mit Leben füllen. Dies passiert idealerweise jeden neuen Tag, dennoch ist es wichtig, zum Beispiel an einem Tag der Leitlinien mit symbolischen Aktivitäten und strahlenden Leuchtturm-Initiativen die Diskussion über und für die Leitlinien immer wieder neu zu entfachen.

Da Corporate Influencer eine starke motivierende Kraft ins Unternehmen hinein haben, sind sie die/der perfekte Co-Creator für solche dezentralen und internationalen Aktivitäten, bei denen die Aktivierung der breiten Mitarbeiterschaft im Vordergrund steht.

So fanden, um ein konkretes Beispiel zu nennen, unter Mithilfe der Telekom-Botschafter vielfältige Aktivitäten in über 20 Ländern abgestimmt aufeinander statt. Es entstand im Vorfeld ein Musik- und Tanzvideo zum Motto des Tages unter Mitwirkung von über 450 Kolleg:innen weltweit, um symbolisch die Telekom-Kultur zu zeigen und die Leidenschaft zum Ausdruck zu bringen.

Während intern der Tag mit einer längeren kommunikativen Begleitung (»Kulturmonat«) vorab unterstützt wurde, zeigte die externe Kommunikation der Aktivitäten über die Social-Media-Profile der Corporate Influencer sehr gute Ergebnisse: Neben dem Video wurden durch den Fachbereich adaptierbare GIFs und Videoschnipsel zur Verfügung gestellt, die sich hervorragend verbreiteten. Durch die Beiträge der Corporate Influencer wird die interne Kultur in den sozialen Medien auch positiv nach extern transportiert. Es entsteht so ein authentischer positiver Einblick für potenzielle Bewerber und Talente auf dem umkämpften Bewerbermarkt und natürlich insgesamt eine positive Wahrnehmung nach außen.

Beispielvideo

... für die Co-Kreation der Corporate Influencer an einem Tag der Leitlinien

Empowering via Media Hubs

Die Versicherung LV 1871 verhilft Geschäftspartnern über Media Hubs in ihren Filialen zu einem Zugang zu digitalen Content, der für mehr Sichtbarkeit im Netz sorgt. So unterstützt die LV 1871 ihre Partner bei der Produktion von audiovisuellem Content für Social-, Digital- und Onlinemarketing. In den LV 1871 Media Hubs gehören außerdem noch Trainings und Coachings dazu, die oft von Corporate Influencern durchgeführt werden. Dieser Ansatz lässt digitale und analoge Netzwerke zusammenwachsen.

Thematische Ausdifferenzierung/Schwester-Communitys

Je größer eine Corporate-Influencer-Community wächst, desto heterogener sind ihre Mitglieder in ihren Interessen. Dies kann ganz organisch zu Schwester-Communitys führen, die sich der technologischen, aber auch organisatorischen Infrastruktur bedienen, um ihre Passion für ein ganz bestimmtes Thema auszuleben.

Nach dem Start der thematisch breit angelegten Telekom-Botschafter im Jahr 2015 entschied sich der Geschäftsbereich für Mobilitätslösungen, eine thematische Ausdifferenzierung in Form der »Mobility-Experten« anzubieten. Es entstand eine Gruppe von Menschen, die ihre Passion für neue Formen der Mobilität gerne mit Kolleg:innen und Freunden teilt. Sie wollen nicht nur zuhören, wenn über Mobilität gesprochen wird, sondern auf Augenhöhe in den öffentlichen Diskurs gehen und sogar die Angebote des Konzerns mitgestalten.

Es etabliert sich ein monatlicher Austausch zwischen den über 40 Mobility-Experten aus allen Bereichen des Konzerns mit den Verantwortlichen des Geschäftsbereichs. In Co-Kreation werden neue Mobilitätsprodukte und -services für die Mitarbeiter:innen des gesamten Konzerns entwickelt.

Bloggen

– mehr als bunte Bilder posten! Drei Fragen an Mobility-Expertin Zoe Nogai

Personalisierung einer Werbekampagne – am Beispiel #WirSindWieIhr

Im Frühjahr 2021 hat die Telekom mit ihrer Kommunikationskampagne »Wir sind wie ihr« ihre Mitarbeitenden im Kundenkontakt mit Kompetenz und Einfühlungsvermögen herausgestellt. Denn im direkten Kundenkontakt macht der Mensch immer den Unterschied, und das trifft vor allem auf kompetente und empathische Mitarbeitende zu.

Die Kampagne zeigt, dass beim Magenta-Riesen Menschen wie du und ich arbeiten – mit den gleichen Bedürfnissen, Erfahrungen und Schwierigkeiten. Aus diesem Grund kennen sie die Wünsche der Kunden genau und helfen schnell und kompetent weiter – und zwar so, wie man Freunden oder der Familie hilft.

Den Corporate Influencern wurde die Möglichkeit gegeben, ihr eigenes Bild im Kampagnenlook auf den persönlichen Social-Media-Profilen hochzuladen. Die Ergeb-

Beispielkampagne

#WirSindWieIhr – der Faktor Mensch ist unser Qualitätsmerkmal nisse sind sehr ermutigend: Diese Personalisierung bringt mehr Authentizität, Reichweite und vor allem deutlich höhere Interaktionsraten als auf den Corporate Accounts. Darüber hinaus ist das Feedback der jeweiligen Follower durchweg positiv.

7

VISION 2040

> Prognosen sind schwierig, vor allem, wenn sie die Zukunft betreffen.
>
> *Mark Twain*

Wenn man einen Blick in die Trendreports wirft und den Social-Media-Gurus lauscht, dann ist das einzig Stetige die immer rasanter werdende Veränderung – insbesondere in Bezug auf die Entwicklung und Genese von Plattformen. Wir haben uns deshalb bewusst entschieden, beim Thema Corporate Influencer keinen Fokus auf Plattformen zu legen, weil einige von ihnen schon in einigen Jahren nicht mehr relevant sein werden.

7.1 Wie Unternehmen auf mehr Vielfalt setzen können

Zu unserer Vision 2040 gehört eine Content-Strategie in den Unternehmen, in der viele Akteure aus den unterschiedlichsten Bereichen die Diversity einer Organisation in all ihren Facetten als Corporate Influencer spiegeln.

Während wir noch ganz am Anfang der Corporate-Influencer-Programme stehen, könnte das Thema Vielfalt in den kommenden Jahren an Fahrt aufnehmen und zu größeren und diversen Corporate-Influencer-Communitys führen, die sich sogar global stärker miteinander vernetzen. Schon 2022 kooperieren die Corporate Influencer vieler Organisationen über Unternehmensgrenzen hinweg miteinander. Durch den Austausch wollen sie voneinander lernen und ihre Netzwerke ausbauen.

Wer auf Diversity setzt, kann das volle Potenzial unterschiedlicher Persönlichkeiten für ein Unternehmen nutzen. Sehr gut auf den Punkt gebracht hat es Hannes Ametsreiter, CEO Vodafone Deutschland, in der Zeitschrift *Stern*: »Diversity ist kein Selbstzweck, sondern Voraussetzung für erfolgreiche Personalpolitik und richtige Ansprache unserer Kundinnen und Kunden.«[69]

Um eine Antwort auf die Recruiting-Frage zu geben, setzen viele Unternehmen auf Corporate Influencer. Allerdings benötigen sie bei der Auswahl ihrer Botschafter:innen schon heute einen diversen Ansatz.

Einer der größten Fehler beim Aufbau eines Corporate-Influencer-Programms besteht darin, nur auf die jungen Mitarbeitenden zu setzen. Selbst wenn ein Unternehmen darüber junge Talente anlocken will, ist es nicht sinnvoll, sich in der Corporate-Influencer-Kommunikation nur auf Auszubildene und Social-Media-affine Mitbeiter:innen zu konzentrieren. Zwar verfügen diese in der Regel über gewisse Kanalkompetenzen und können sehr gut mit Instagram, Twitch oder TikTok umgehen. Doch bei einem Corporate-Influencer-Programm spielt auch die Wahrnehmung der Akteure eine große Rolle. Wie glaubwürdig wirkt das Employer Branding, wenn dieses nur auf den jungen hippen Nachwuchs setzt, statt die Vielfalt der eigenen Unternehmenskultur zu präsentieren?

Zudem könnte ein solch begrenzter Fokus innerhalb der eigenen Organisation zu dem Missverständnis führen, dass die Generationenzugehörigkeit per se ein Auswahlkriterium ist. Wenn nur die »üblichen Verdächtigen« als Corporate Influencer ausgewählt werden und es keinen transparenten Auswahlprozess gibt, fühlen sich interne Kritiker:innen in ihren negativen Vorbehalten bestätigt. Allzu schnell werden die Ausgewählten dann als Digital-Verrückte abgestempelt, die ihre Zeit verschwenden und nicht wirklich einen Wertbeitrag zum Unternehmenserfolg liefern.

Eine gewisse Begeisterung für Social Media schadet zwar nicht, sollte jedoch niemals eine Voraussetzung für die Rolle des Corporate Influencers sein. Wer es bisher noch nicht aktiv gemacht hat, kann die Nutzung einzelner Kanäle sehr schnell lernen. Wichtiger sind kulturelle Komponenten: Mag jemand in der digitalen Öffentlichkeit stehen? Über welche Fachkenntnisse und Erfahrungen verfügt ein potenzieller Corporate Influencer?

Ein weiterer Fehler bei der Auswahl der ersten Corporate Influencer liegt häufig darin, auf schon sichtbare Vertreter:innen des Unternehmens zu setzen. Wenn in Ihrer Organisation einzelne Mitarbeitende bereits ein großes eigenes Netzwerk aufgebaut haben, ist das zwar eine großartige Chance für Ihr Corporate-Influencer-Programm. Ein Selbstläufer ist das trotzdem nicht. Denn dann müssen Sie zunächst Vertrauen bei diesen Personal Brands aufbauen und sie von den Vorteilen eines Corporate-Influencer-Programms überzeugen.

Gleichzeitig müssen Sie jedoch darauf achten, dass Sie andere Akteure mit diesen Beispielen nicht demotivieren. Schließlich ist es nicht leicht, innerhalb kurzer Zeit eine große Reichweite in Social Media zu erzielen.

Bei der Auswahl der Corporate Influencer sollten Unternehmen darauf achten, dass sie nicht nur die »Lauten« auswählen, sondern zudem diejenigen berücksichtigen, die leiser auftreten. Letztlich macht es die richtige Mischung aus Extrovertierten und Introvertierten.

Wenn es eine Vielfalt in Ihrem Corporate-Influencer-Team gibt, profitieren Unternehmen von der Content Diversity, die daraus entstehen kann. Dafür müssen Sie allerdings die Introvertierten gezielt fördern und in Ihre Maßnahmen einbinden. Eine Kultur des Vertrauens und der Fairness schafft die Sicherheit, die viele Menschen als Basis benötigen, um dann in die digitale Öffentlichkeit zu treten und aktiver zu werden.

Es gibt viele selbstkritische Menschen, die gute Ideen haben und ausgewiesene Expert:innen sind, das aber öffentlich nicht zeigen möchten, weil sie aus ihrer Sicht noch nicht über genügend Substanz verfügen. Durch die richtige Advocacy können Introvertierte ermutigt werden, ihren grandiosen Content zu publizieren und öffentlich aufzutreten.

7.1.1 Wie Corporate Influencer auf die Diversity einzahlen

Dr. Irène Kilubi ist Gründerin des Start-up-Unternehmens brandPreneurs & brandFluencers und hat die Initiative Joint Generations zur Förderung generationsübergreifender Zusammenarbeit ins Leben gerufen. Außerdem unterstützt sie Unternehmen beim Aufbau von Corporate-Influencer-Programmen. Einer ihrer Schwerpunkte ist das Thema Diversity. Deshalb haben wir sie gefragt, wie divers Corporate-Influencer-Communitys sein sollten.

»Deine Zielgruppe muss sich gut vertreten fühlen«, meint sie. »Das sollte sich in der Selektion der Corporate Influencer widerspiegeln. Hilfreich ist, typischerweise unterrepräsentierte Menschen einzubinden: Jung und Alt, Farbige, Menschen aller Formen, Größen und Geschlechter, Menschen mit LGBTQIA-Identifikatoren, unterschiedlichen religiösen Hintergründen und Menschen mit Behinderung. Es lohnt sich, einen Blick in die eigenen Reihen zu werfen, um herauszufinden, ob eine vielfältige Gruppe Inhalte erstellt oder ob jemand anderes besser geeignet ist.«

Menschen orientieren sich an Peergroups. Deshalb ist es gut, Corporate Influencer einzusetzen, die sich mit anderen Menschen über ihre Gemeinsamkeiten und Inhalte verbinden können. Im Idealfall sorgt dieser Ansatz laut Kilubi zu Content, »der dein Publikum fesselt und dazu ermutigt, deine Marke zu erkunden. Erkenne deine Kund:innen an, denn das ist es, was sie wollen«.

Diese Vielfalt der Corporate Influencer kann sich unmittelbar auf die Content Creation auswirken. Die Inhalte, die ein diverses Botschafterteam produziert, bilden oft viele Content-Formate und Anspruchsbedürfnisse der Zielgruppen ab, die Unternehmen erreichen wollen. Während einige Corporate Influencer lieber schreiben und auf LinkedIn kurze oder lange Texte verbreiten, bevorzugen andere eher Videoformate und teilen diese über Instagram, TikTok, Facebook oder YouTube.

Weniger Social-Media-affine Mitarbeitende werden in manchen Organisationen in die Content-Produktion eingebunden. So gibt es »Take-overs« auf Instagram oder Twitter, bei denen einzelne Mitarbeitende für einen begrenzten Zeitraum den Unternehmensaccount betreuen und dabei mit dem Social-Media-Bereich zusammenarbeiten.

Das Klinikum Dortmund setzt auf die gezielte Einbindung von Ärzt:innen und Pfeger:innen in die Social-Media-Kommunikation. So organisiert der Kommunikationschef Marc Raschke regelmäßig auf Instagram- und Facebook Live-Chats mit Mitarbeiter:innen aus dem Klinikum. Auf TikTok tanzen und singen sie. Erreichen will das Krankenhaus damit sowohl Patient:innen wie Bewerber:innen und ist damit sehr erfolgreich. Für seine Aktivitäten hat das Klinikum zahlreiche Kommunikationspreise abgeräumt und stößt auf sehr positive Resonanz bei Bewerber:innen.

Dabei setzt Raschke auf eine Mischung aus alten und jungen Krankenhausmitarbeiter:innen und entspricht damit den Vorstellungen Kilubis. Sie sagt dazu: »Wenn der Content divers und vielfältig ist, ist es leichter, vielfältige Zielgruppen zu erreichen. Das Publikum sollte sich in dem, was die Corporate Influencer mitteilen, wiederfinden. Das trifft auf physischer, psychischer und geografischer Ebene zu.« Aus diesem Grunde sollten Corporate Influencer immer darüber nachdenken, für wen sie was wo veröffentlichen und welche Ansprache dabei angemessen ist.

Von einer diversen Zusammenstellung der Corporate Influencer profitieren die Unternehmen, weil sie sich so anschlussfähig an viele Communtys erweisen können. »Gerade für die jüngere Generation, die häufig Stereotypen ausgesetzt ist, und für Ältere, die mit Altersbildern zu kämpfen haben, ist Content Diversity ein großes Thema«, meint Kilubi. »Es geht darum, ein tiefergehendes Verständnis und Denken in Bezug auf dein Publikum zu entwickeln, um ernst genommen zu werden. Dann wird dein Content als divers und inklusiv aufgefasst und sorgt vor allem bei Millenials, Schwarzen, Latinos und der LGBTQ-Community für mehr Interaktion, verbessert das Image der Marke und erhöht die Verkaufsintention. Wer Content generiert, muss sich auch darüber im Klaren sein, dass es um mehr geht als nur ums Schreiben und Publizieren. So sollte der Inhalt einfach sein, sich an bestimmte Zielgruppen richten und die Markenpersönlichkeit einbeziehen. Vorab gilt es, sich über viele Dinge Gedanken zu machen, um mit dem, was man veröffentlicht, das geplante Ziel zu erreichen.«

Es lohnt sich für Organisationen, beim Auswahlprozess der eigenen Corporate Influencer auf Diversity zu setzen. Auf diese Weise werden Ihre Stakeholder aus den unterschiedlichsten Bereichen wesentlich persönlicher und authentischer angesprochen. Ihre Unternehmensbotschaften werden durch die Personalisierung wirksamer.

7.2 Die Macht der Corporate Influencer im Schwarm

Eine bekannte Marke zieht in Social Media schnell viele Fans und Follower an. Das Engagement hält sich dabei eher in Grenzen. Im Vergleich zu ihren Unternehmen haben die meisten Beschäftigten zwar oft nur wenige Kontakte in den Social Networks – meistens sind es gerade einmal

200 bis 300 Personen, die Einzelne ihrem Netzwerk hinzufügen –, unterschätzt wird hierbei jedoch oftmals, wie sich das Zusammenspiel einer Gruppe von Mitarbeitenden auswirken kann.

Am Anfang starten viele Corporate-Influencer-Programme mit 10 bis 20 Akteuren. Es werden erste Erfahrungen gesammelt, bevor diese Initiativen weiter ausgebaut werden. Doch selbst wenn diese 20 Corporate Influencer im Durchschnitt jeweils nur 500 Kontakte auf LinkedIn haben, ergibt das in dieser Rechnung eine potenzielle Reichweite von mindestens 10 000 Personen. Das ist sogar noch konservativ geschätzt. In den Unternehmen gibt es hin und wieder einzelne Personal Brands mit mehr als 2000 Kontakten in ihrem Netzwerk.

Die reine Zahl der Netzwerkgröße ist gar nicht unbedingt die wichtigste Größe. Viel spannender ist die tatsächliche Wirksamkeit der Corporate Influencer mit ihren einzelnen Postings. Manchmal wundern sich LinkedIn-Mitglieder darüber, dass sie mit einem kurzen Beitrag einige Tausend Views erzielen, obwohl sie bislang nur 50 Kontakte haben.

7.2.1 Mit Relevanz Reichweite erzeugen

Im Sommer 2021 hat die Telekom-Botschafterin Stephanie Tönjes für einen kurzen LinkedIn-Beitrag über die Hochwasserkatastrophe über 1,3 Millionen Views, mehr als 45 000 Likes und fast 1600 Kommentare erhalten. Diese hohe Reichweite und das große Engagement ihrer Kontakte hat sie selbst trotz ihrer 17 500 Follower überrascht.[70]

Aber auch Dennis Vollmer, PR-Manager der Volksbank Mittelhessen, hat einen Ausnahmebeitrag auf LinkedIn veröffentlicht, den innerhalb kurzer Zeit mehr als 1,7 Millionen Menschen gesehen haben. Mehr als 22 300 Personen haben ihn gelikt und rund 1800 kommentiert. Er präsentierte auf seinem persönlichen Account ein Halbjahreszeugnis der zehnten Klasse. Sein Beitrag begann mit den Worten: » ›Der Dennis und Deutsch, das sind zwei Universen, die sich niemals berühren werden.‹ Diese steile These formulierte 1996 mein Deutschlehrer am gefürchteten Elternabend.« 25 Jahre danach verweist er im November auf seine Erfolge und bittet die

Leser des Beitrags, auf die Talente ihrer Kinder zu achten und sie zu fördern, da jeder besondere Fähigkeiten habe, die man nur erkennen müsse. Am Ende verweist er elegant auf den eigenen LinkedIn-Unternehmensauftritt: » Ein kleiner Tipp zum Schluss: Wer meine Schreibe mag, sollte der LinkedIn-Seite der Volksbank Mittelhessen folgen. Der Content stammt aus meiner Feder.«[71]

Der Impact der Corporate Influencer kann enorm hoch sein und die Wirksamkeit der Social-Media-Aktivitäten in der Summe übertreffen. Auffällig ist hierbei, dass das Social-Media-Engagement auf die Beiträge von Mitarbeiter:innen wesentlich größer ist als auf den offiziellen Unternehmenskanälen. Anders als die Corporate Channels wirken die persönlichen Accounts der Corporate Influencer wesentlich authentischer und sympathischer, weil sie die Abstraktionsebene verlassen und Emotionen zulassen. Menschen lieben Menschen, die einander ähnlich sind. Sie erwarten in Social Media ein verbindliches Feedback vom Gegenüber und erhalten das meistens von ihren Netzwerkverbindungen.

Auf Social Media müssen Firmen sehr viel Geld für Werbung aufwenden, um die gewünschten Reichweiten und eine öffentliche Wahrnehmung zu erwirken. Die Algorithmen der verschiedenen Plattformen unterdrücken die Sichtbarkeit vieler organischer Unternehmenspostings. Zum Ausgleich setzen Organisationen auf große Mediabudgets. Sie erkaufen sich darüber die Sichtbarkeit für ihre Themen. Demgegenüber ist die Sichtbarkeit einzelner Menschen in Social Media sehr viel besser. Davon können Unternehmen profitieren, die gezielt Corporate Influencer aufbauen.

Wie stark Corporate Influencer ihre Wirkung für ein Unternehmen entfalten können, erlebte die Deutsche Telekom bei einer Weihnachtsfeier. Rund 40 Telekom-Botschafter:innen nutzten die Party aktiv in der Social-Media-Kommunikation und animierten viele der rund 6000 Gäste, Fotos auf Twitter und anderen Kanälen zu posten. Von diesem Schwarmprinzip profitierte die Telekom enorm: Sie schaffte es dadurch am 13. Dezember 2018 mit dem Hashtag #Telekomwall auf die ersten Plätze der Twitter Trending Topics.

Auf der Weihnachtsfeier konnten die Mitarbeiter:innen auf einer 20 Meter großen Leinwand sehen, wie Azubis, Vorstände und Kollegen aus allen Bereichen des Konzerns miteinander ihre Erfolge feiern. Zu den Höhepunkten des Abends zählte ein Video mit dem CEO Timotheus Höttges, in dem er beim Weihnachtsbacken eine kleine Ansprache hält. Das Video wurde anschließend sehr stark in Social Media verbreitet und erhielt viele Views.

In der Vorweihnachtszeit ist es der Deutschen Telekom mit ihrem Beispiel gelungen, zahlreiche Mitarbeiter:innen für eine gemeinsame Kommunikation zu Weihnachten zu gewinnen, die nicht durch die Organisation festgelegt ist, sondern auf dem Schwarmgedanken basiert. Sie konnte damit Impulse geben, die die eigenen Social-Media-Aktivitäten befeuerte und in den Social Networks zum Erfolg führte.

Statt den Content nur gezielt über die offiziellen Kanäle zu streuen, profitierte die Telekom von ihren Corporate Influencern, die viele andere intern dazu bewegen, ebenfalls über ihr Unternehmen zu kommunizieren. Die Weihnachtsfeier bot dazu einen einfachen, aber guten Anlass.

Bei einem Corporate-Influencer-Programm gibt es keine festgelegte Content-Planung. Jede:r kann selbst darüber bestimmen, über was auf dem eigenen Social-Media-Account gepostet wird. Dennoch kann ein Unternehmen versuchen, die unterschiedlichen Corporate Influencer für eine Aktion zu gewinnen. Das ist im Sinne des Community Managements eine Frage der Motivation und des Themas.

Corporate Influencer werden eben nicht zentral in ihren Aktivitäten gesteuert. Ganz im Gegenteil, es geht sogar darum, die Dezentralität zu unterstützen. Mit etwas Geschick können Organisationen ihre Corporate Influencer dazu motivieren, Markenthemen auf ganz unterschiedliche Weise zu interpretieren und ganz im Sinne der Vielfalt zu publizieren. Wenn sich viele Mitarbeiter:innen selbstbestimmt zur selben Zeit mit einem Thema auseinandersetzen, können sie synchron Themen auf die öffentliche Agenda setzen. So ein komplexes Menschennetzwerk wird dadurch zum Schwarm, der ein Thema im Sinne der Marke orchestriert. Aus den Tweets, Instagram- oder LinkedIn-Beiträgen Einzelner kann eine Gesamtstruktur entstehen, die einem Schwarm entspricht. Über die dezentrale Zusammenarbeit der Corporate Influencer entsteht ein von einem Unternehmen erwünschtes Ergebnis.

Über eine interne Corporate-Influencer-Community oder Mitarbeiter-App können Themen miteinander entwickelt werden, die Schwarmeffekten entsprechen. Einzelne Hashtags der Unternehmen können dabei die Zusammengehörigkeit ausdrücken (Beispiel: #teamLV1871 oder #telekomwall) und ordnen die gemeinsamen Themen ein und helfen bei der Orientierung.

7.2.2 Kund:innen durch Corporate Influencer zu Fans machen

Wenn Sie »Kunden zu Fans machen« recherchieren, werden Sie schnell fündig: Über 30 Millionen Suchergebnisse liefert Google sofort. Wenn wir einen Blick auf Unternehmen werfen, die Kultstatus erreicht haben, wird schnell klar: Ohne Produkte, die ihre Erfahrungswelt nachhaltig beeinflussen, werden Kund:innen nicht zu Fans. Vor unserem geistigen Auge sehen wir zum Beispiel die langen Schlangen vor den Apple-Stores, wenn eines der neuen iPhones seinen neuen Verkaufsstart hatte. Das sind definitiv Fans, die eine Nacht lang campen, um an das neue Smartphone zu kommen. Aber kennen Sie Beschäftigte persönlich, die bei Apple arbeiten und in Social Media aktiv sind?

Wir sind überzeugt, dass natürlich starke Marken, die Produkte und Dienstleistungen einen wichtigen Beitrag dazu haben, dass »Kunden zu Fans« werden. Sicher ist aber auch:

> Echte Fans entstehen über Verbundenheit zum Unternehmen. Diese langfristige Verbundenheit etabliert sich durch persönliche Beziehungen.

Eine der Hauptaussagen dieses Buches ist, dass Corporate Influencer solche persönlichen Beziehungen im Digitalen aufbauen können und damit dem Unternehmen einen großen Wertbeitrag zurückgeben. Sie schaffen es, mehr und mehr Kund:innen, die äußerst zufrieden und überdurchschnittlich gebunden sind, dazu zu bringen, ihre Verbundenheit zum Unternehmen anderen kundzutun.

Dass dieses Vorgehen nicht nur für Love-Brands funktioniert, zeigt eine Entwicklung der Corporate-Influencer-Community der Telekom. Die Community wurde über Social Media angefragt, inwiefern auch nicht bei der Telekom angestellte Kund:innen eine Rolle als Botschafter:in übernehmen könnten. So wurde die Idee der »Externen Telekom-Botschafter:innen« geboren, die als Fans »User Generated Content« produzieren. Nun treffen sich jeden Monat über 20 Fans des Unternehmens, um sich zu vernetzen, zu informieren und die Verbundenheit zum Schwarm des Unternehmens auszudrücken.

7.2.3 Veränderungen im Content-Marketing

Je größer ein Unternehmen ist, desto komplexer sind die Entscheidungsprozesse. Es gibt zahlreiche Abteilungen mit vielen eigenen Zuständigkeiten. Die Spezialisierung auf Fachbereiche macht zwar Sinn, erschwert es jedoch, eine gemeinsame unternehmensübergreifende Content-Strategie zu verankern, weil alle bei den Content-Aktivitäten mitreden wollen.

In vielen Organisationen gibt es keine zentralen strategischen Zuständigkeiten für die Content-Aktivitäten. Während beispielsweise HR verantwortlich ist für die Karriereseiten und den Xing-Auftritt, kümmert sich die Kommunikation vielleicht um LinkedIn und Twitter, während Marketing für Facebook und Instagram tätig ist. Der Content wird dabei jeweils von der Abteilung her gedacht und nur selten im Zusammenspiel über alle Bereiche hinweg crossmedial gestaltet. Im besten Fall wird all dieses mit den anderen Abteilungen abgestimmt und über eine Newsroom-Zentrale gesteuert. Somit profitiert die Marke nicht von einer gemeinsamen Content-Strategie, welche die Belange aller berücksichtigt.

Ganz anders stellt es sich bei einem Corporate-Influencer-Team dar. Die Mitarbeitenden repräsentieren die Marke auf vielfältige Weise und sind dabei in der Regel nicht an politische und hierarchische Entscheidungsprozesse gebunden. Als Corporate Influencer können die einzelnen Akteure frei entscheiden, was sie über ihre Kanäle ausspielen, und sich gegenseitig nach dem Schwarmprinzip unterstützen. Es ist etwas Gutes, wenn sich die

Mitarbeitenden eines Unternehmens untereinander kollegial vernetzen und die Beiträge hin und wieder liken und kommentieren. Genau davon profitieren Unternehmen, die auf viele Akteure und ein diverses Corporate-Influencer-Team setzen.

Im Idealfall macht ein Corporate-Influencer-Schwarm mit seinen kreativen Inhalten die vielen Themenfelder eines Unternehmens sichtbarer. Oft ist er der Ausgangspunkt für viele weitere Mitarbeitende, sich mehr in Social Media zu engagieren.

7.3. Echte Transformation durch Mitarbeiter:innen-Partizipation

Wie häufig lesen wir in der Literatur zur Transformation von Unternehmen, dass einer der wichtigsten Faktoren eine gute Kommunikation zu und mit den Mitarbeiter:innen sei. Sehr häufig wird empfohlen, »offen und transparent« zu kommunizieren, am besten noch frühzeitig, damit alle »abgeholt« werden. Wir halten das für einen Trugschluss, denn:

Wenn alle abgeholt sind, ist keiner mehr da.

Wir als Organisation müssen begreifen, dass eine echte Transformation von Menschen und Organisation nur dann gelingen kann, wenn diese durch vitale Communitys begleitet und mitgestaltet werden kann. Die Tendenz, neue Strukturen im stillen Kämmerlein in einer Taskforce zu entwickeln, um dann eine neue, starre Struktur zu entwickeln und »auszurollen«, ist immer noch gelebte Praxis im Unternehmensalltag.

Wie schreibt Wolf Lotter in unserem Vorwort so treffend: »Freiheitsberaubung lohnt sich aber in der Wissensökonomie nicht.« Es braucht heute und morgen Mitarbeiter:innen, die mit großem Freiraum selbstständig und weitgehend selbstbestimmt arbeiten. Diese Form der Arbeit sollte kein »nettes Extra mehr« sein, das von den Führungskräften gewährt wird, sondern ist die Grundlage für den Erfolg eines jeden Unternehmens in unserer Wissensökonomie. Denn dort, wo Menschen arbeiten, die ihre Arbeit gut und gern tun, stimmen auch die Ergebnisse in Form von Produkten und Dienstleistungen für unsere Kunden.

Corporate Influencer mit hoher Selbstwirksamkeit und viel Gestaltungsspielraum können solche Transformatoren der Organisation werden. Sie sind dann nicht nur Stachel im Fleisch (»Hofnarr«), sondern Mitgestalter:in der Veränderung der Organisation – mit den Menschen im Mittelpunkt des Handelns.

ÜBER DIE AUTOREN

Klaus Eck ist freier Kommunikationsberater und einer der führenden Corporate-Influencer-Experten in Deutschland. Der Gründer einiger Agenturen ist Social-Media-Pionier, Keynote Speaker und Content-Marketing-Profi. Zu seinen Hauptaufgaben gehört die strategische Begleitung von Corporate-Influencer-Programmen. Seit Februar 2020 moderiert er regelmäßig das Corporate Influencer Breakfast und hat mehr als 55 Talks mit Gästen initiiert, in denen diese über ihre Erfahrungen mit Personal Branding, Corporate Influencern und CEO-Kommunikation berichten. Seit mehr als zehn Jahren ist er Jurymitglied beim BdKom Award.

Dr. Winfried Ebner baut Communitys und betreibt Data Analytics im Kraftwerk Kommunikation der Deutschen Telekom AG. Der diplomierte Kommunikationswissenschaftler promovierte mit »Community Building for Innovations«, der Untersuchung eines Ideenwettbewerbs als Methode für die Entwicklung und Einführung einer Innovationsgemeinschaft. Seit 2015 begleitet er den Aufbau der #TelekomBotschafter-Community und betreut weitere Initiativen zum »Anders arbeiten – Kunden begeistern«. Für seine Arbeit wurde er unter anderem mit dem HR Innovation Award ausgezeichnet.

QUELLEN UND LITERATUR

Wir lesen schon immer gerne Fachliteratur, doch seitdem wir an diesem Buch gearbeitet haben, noch etwas selektiver, aber auch intensiver.

Vor dem Hintergrund unserer journalistischen und wissenschaftlichen Perspektive hat sich vor allem ein Leitsatz eingeprägt:

> Standing on the shoulders of giants.

Dieser Satz von Isaac Newton hat nichts mit Akrobatik auf Elefanten zu tun, sondern mit dem Vorsatz, das Verständnis und die Erkenntnisse der großen Vordenker:innen zu nutzen, um intellektuelle Fortschritte zu machen.

Vielleicht etwas einfacher beschrieben: Man muss das Rad nicht immer neu erfinden. Deshalb freuen wir uns sehr über ansprechende Bücher und Impulse, die uns jetzt schon seit einigen Jahren bezüglich des Corporate-Influencer-Themas begleiten. Deshalb an dieser Stelle. Danke an alle Vordenker:innen!

Hier unsere Quellen und Literatur, die wir zur weiteren Lektüre empfehlen:

- Buggisch, Christian (2019): »Wie aus Influencern Botschafter werden – ein Erfahrungsbericht«; abrufbar unter: https://buggisch.wordpress.com/2019/11/11/wie-aus-influencern-botschafter-werden-ein-erfahrungsbericht/
- Clement, Michel; Panten, Gregor; Peters, Kay (2005): »Effiziente Kommunikation in Communities«; in: Belz/Rudolph/Tomczak (Hrsg): *Community Marketing. Thexis: Fachzeitschrift für Marketing*. Ausgabe 3/2005. St. Gallen.

- De Clercq, Isabel (2018): *#VernetztArbeiten. Soziale Netzwerk in Unternehmen*. Frankfurter Allgemeine Buch.
- Ebner, Winfried (2009): *Community Building for Innovations – Der Ideenwettbewerb als Methode für die Entwicklung und Einführung einer virtuellen Innovations-Gemeinschaft*. Dissertation. TU München, Fakultät für Wirtschaftswissenschaften; abrufbar unter: http://mediatum.ub.tum.de/?id=646399
- Eck, Klaus (2008): *Karrierefalle Internet – Managen Sie Ihre Online-Reputation, bevor andere es tun!* Carl Hanser Verlag, München.
- Eck, Klaus (2010): *Transparent und glaubwürdig: Das optimale Online Reputation Management für Unternehmen*. Redline Verlag, München.
- Eck, Klaus; Eichmeier, Doris (2014): *Die Content-Revolution im Unternehmen. Neue Perspektiven durch Content-Marketing und -Strategie*. Haufe Fachbuch, Freiburg.
- Gardt, Martin (2021): »Wie eine neue Generation Kosmetik-Brands mit Wissens-Content auf Instagram Erfolge feiert«; abrufbar unter: https://omr.com/de/kosmetik-hautpflege-instagram-junglueck-nkm-no-cosmetics-colibri-skincare/
- Gergs, Hans-Joachim; Lakeit, Arne (2020): *Agilität braucht Stabilität. Mit Ambidextrie Neues schaffen und Bewährtes bewahren*. Schäffer Poeschel Verlag, Stuttgart.
- Hoffmann, Kerstin (2020): *Markenbotschafter – Erfolg mit Corporate Influencern: Überblick, Strategie, Praxis, Tools*. Haufe, Freiburg// Gibt auf Basis von Projektmanagement Hilfestellungen, wie Organisationen Corporate-Influencer-Programme aufbauen können.
- Holzknecht, Georg (2020): »Community Obsessed People – Gestaltungsprinzipien der Community-Arbeit bei T-Systems«; abrufbar unter https://selforganized.community/de/collections/digitale-medien/products/brochuredownload
- Hüther, Gerald (2021): Akademie für Potentialentfaltung. In: https://www.akademiefuerpotentialentfaltung.org/
- Kluge, Sabine; Kluge, Alexander (2020): *Graswurzelinitiativen in Unternehmen: Ohne Auftrag – mit Erfolg!* Verlag Franz Vahlen, München. //

Beschreibt auf Basis von Interviews Veränderungsprozesse in Unternehmen, die Bottom-up vollzogen wurden.

- Kotter, John P. (2014): *Accelerate. Strategischen Herausforderungen schnell, agil und kreativ begegnen.* Verlag Fran Vahlen, München // Theoretische Grundlage von Communitys/Beschleunigernetzwerken in Unternehmen als »duales Betriebssystem«, das die Formalorganisation ergänzt.
- Kruse, Peter (2008): »8 Regeln für den totalen Stillstand in Unternehmen« // Wie Change Management verkehrt durchgeführt werden kann; abrufbar unter: https://youtu.be/Ug83sF_3_Ec
- Laloux, Frédéric (2015): *Reinventing Organizations. Ein Leitfaden zur Gestaltung sinnstiftender Formen der Zusammenarbeit,* Verlag Fran Vahlen, München.
- Mönning, Eugenia (2021): »Wie wichtig findest du Corporate Influencer? Bist du vielleicht sogar selbst einer?« // Vorstellung der Rollen des Jobbotschafter-Programmes von Otto. In: https://www.linkedin.com/posts/otto_corporate-influencer-bei-otto-activity-6861239050762817536-RRym
- Müller, Eva (2014): Die digitale Chef. Ohne Wissen übers Web kann niemand mehr ein Unternehmen in die Zukunft führen. Ab wie verschafft man sich die nötigen Kenntnisse? In: https://www.manager-magazin.de/magazin/artikel/management-so-verschaffen-sich-unternehmer-internet-kenntnisse-a-961731.html
- Nielson, Jakob (2006): The 90-9-1 Rule for Participation Inequality in Social Media and Online Communities. In: https://www.nngroup.com/articles/participation-inequality/
- Pfortmüller, Fabien; Luchsinger, Nico; Mombartz, Sascha (2017): *Das Community Canvas Handbuch. Anleitung zum Aufbau bedeutungsvoller Communitys,* übersetzt durch Tanja Laub; abrufbar unter: https://www.communitymanagement.de/wp-content/uploads/2018/12/Community-Canvas-Handbuch-Deutsch.pdf
- Schleuter, Hubertus (2019): »Erfolgreich dank ESN (Enterprise Social Network).« Interview mit Harald Schirmer (Continental); abrufbar unter: https://www.computerwoche.de/a/erfolgreich-dank-esn,3544076

- Schüller, Anne M.; Schuster, Norbert (2017): *Marketing-Automation für Bestandskunden: Up-Selling, Cross-Selling, Empfehlungsmarketing: Mehr Umsatz mit der Wasserlochstrategie®*. Haufe, Freiburg.
- Schüller, Anne M. (2018): »Content für das Leadmanagement oder: die Wasserlochstrategie«; abrufbar unter: *PR-Blogger*: https://pr-blogger.de/2018/02/14/content-fuer-leadmanagement-die-wasserlochstrategie/
- Sivers, Derek (2010): »First Follower: Leadership Lessons from a Dancing Guy«; abrufbar unter: https://sive.rs/ff
- Stepper, John (2015): *Working Out Loud. For a better career and life*. Ikigai Press, New York.
- Wolf-Doettinchem, Lorenz (2021): »Das sind die besten Arbeitgeber in Sachen Diversität«; abrufbar unter: *Stern*, https://www.stern.de/p/plus/wirtschaft/diversity-am-arbeitsplatz--jetzt-wird-s-bunt--30513340.html
- Zayats, Marina (2020): *Digital Personal Branding. Über den Mut, sichtbar zu sein. Ein Guide für Menschen und Unternehmen*. Springer Gabler Verlag, Wiesbaden.

ANHANG

1 https://www.ikw-jugendstudie.org/

2 https://www.edelman.de/research/edelman-trust-barometer-2021

3 https://www.wiwo.de/unternehmen/dienstleister/werbesprech-nie-war-die-botschaft-so-wertlos-wie-heute/23163046.html

4 Eveline Scheerer: Social Media Marketing: Chancen und Herausforderungen für Unternehmen. Diplomica Verlag. 2013.

5 https://pr-blogger.de/2018/02/14/content-fuer-leadmanagement-die-wasserlochstrategie/

6 https://www2.deloitte.com/de/de/pages/technology-media-and-telecommunications/articles/smartphone-nutzung-2020.html

7 https://www.edelman.de/research/edelman-trust-barometer-2021

8 https://de.statista.com/page/content-marketing-trendstudie-2020-de

9 https://omr.com/de/kosmetik-hautpflege-instagram-junglueck-nkm-no-cosmetics-colibri-skincare/

10 Vgl. Laloux 2015

11 https://blog.wiwo.de/management/2021/08/16/new-work-nicht-mal-jedes-dritte-unternehmen-reduziert-tatsaechlich-hierarchien/

12 https://www.telekom.com/de/konzern/themenspecials/telekom-botschafter

13 Kruse 2008

14 Gergs; Lakeit 2020, S. 9

15 Ebner 2009, S. 33

16 Kotter 2014, S. 17

17 Kotter 2014, S. 16

18 nach Clement et al. 2005, S. 23

19 Vgl. Nielsen 2006

20 s. Luhmann, Niklas (1986): Vertrauen – ein Mechanismus der Reduktion sozialer Komplexität. Enke, Stuttgart.

21 Kotter 2014, S.18

22 Hüther 2021

23 Kotter 2014, S. 20

24 Stepper 2015, S. 73

25 ebd., S. 79 ff.
26 De Clercq 2018, S. 101
27 vgl. auch Kotter 2014
28 De Clercq 2018, S. 5
29 Sivers 2010
30 Buggisch 2020
31 https://www.gesetze-im-internet.de/tmg/__5.html
32 Schleuter 2019
33 vgl. auch Kluge 2020
34 https://harald-schirmer.de/2019/06/18/was-bringt-mir-ein-soziales-netzwerk-esn/
35 De Clercq 2018 S. 183
36 Pfortmüller et al., 2017
37 Vgl. Mönning 2021
38 Vgl. Laloux 2015
39 John Kotter 2014, S. 30
40 vgl. auch Pfortmüller 2017, S. 52
41 https://www.affde.com/de/internet-stats-1.html
42 https://nwx.new-work.se/themenwelten/unternehmen/interview-mit-sap-personalchef-cawa-younosi-die-pandemie-sorgt-fur-eine-vermenschlichung-der-arbeitswelt
43 https://www.datev.de/web/de/m/ueber-datev/datev-im-web/datev-in-sozialen-medien/datev-botschafter/
44 Vgl. Buggisch 2019
45 Vgl. auch Eck 2008
46 https://www.spiegel.de/politik/ausland/trump-feiert-sich-selbst-als-mental-gefestigtes-genie-a-1186544.html
47 Umfrage bei 500 LinkedIn-Nutzer:innen; Eck 2021
48 https://www.zeit.de/digital/internet/2010-08/soziale-netzwerke-freunde/seite-3
49 https://www.nngroup.com/articles/participation-inequality/
50 https://www.zeit.de/digital/internet/2020-10/linkedin-soziales-netzwerk-jobs-kontakte-karriere
51 https://guykawasaki.com/the-art-of-evangelism/; https://www.yaagneshwaran.com/blog/product-evangelism-guy-kawasaki/

52 https://www.handelsblatt.com/politik/international/edelman-trust-barometer-umfrage-viele-menschen-vertrauen-nur-noch-der-wirtschaft/26792422.html?ticket=ST-3714829-2lofX3zfG30AWrBgksBt-cas01.example.org

53 https://twitter.com/joekaeser/status/996700947966513152?lang=he

54 https://fleishmanhillard.de/kompetenz/authenticitygap/

55 https://www.absatzwirtschaft.de/authentizitaet-diese-luecken-muessen-marken-schliessen-181597/

56 https://www.edelman.de/research/trust-2020-special-report-covid-19

57 https://www.presseportal.de/pm/49071/2482209

58 https://www.oliverwyman.de/

59 https://www.palmerhargreaves.de/blog/linkedin-muss-heute-zur-jobbeschreibung-von-ceos-gehoeren; https://www.wiwo.de/erfolg/management/linkedin-ranking-die-groessten-influencer-unter-den-dax-ceos/26878430.html

60 https://www.linkedin.com/posts/frank-thelen_sexycars-tesla-elonmusk-activity-6760882933466320896-FJuQ

61 https://www.turi2.de/aktuell/hoer-tipp-tina-mueller-spricht-ueber-ihr-internes-image-und-social-media/

62 https://www.manager-magazin.de/unternehmen/soziale-medien-wenn-dax-chefs-posten-twittern-und-irren-a-1dc5ddb9-0002-0001-0000-000178442787

63 https://www.capital.de/wirtschaft-politik/john-legere-der-schraegste-manager-der-welt

64 https://www.manager-magazin.de/magazin/artikel/management-so-verschaffen-sich-unternehmer-internet-kenntnisse-a-961731.html ergänzt.

65 Von Banxware, siehe https://www.wiwo.de/erfolg/management/die-zahlen-frau-social-ceo-den-gibts-hier-nicht-/26176398.html

66 https://datenschutz-generator.de/corporate-influencer-recht-datenschutz-risiko/

67 https://kevinanderson.nl/how-many-people-are-publicly-using-google-plus/

68 https://www.heidrick.com/en/insights/culture-shaping/Aligning-Culture-with-the-Bottom-Line-How-Companies-Can-Accelerate-Progress?utm_source=Employees&utm_medium=Email&utm_campaign=Heidrick+Email+Signature

69 Vgl. Wolf-Doettinchem 2021

70 https://www.linkedin.com/posts/klauseck_kommentare-hochwasserkatastrophe-telekombotschafter-activity-6828351997473812480-Tvzf; https://www.linkedin.com/posts/stephanietoenjes_politik-linkedin-merkel-activity-6824235421732491264-iQfm

71 https://www.linkedin.com/posts/andrea-leuchs-b4734b134_der-dennis-und-deutsch-das-sind-zwei-universen-activity-6864265560453120000-NRiR